Les prémices de la vie

Fondements moléculaires

Santé, Sociétés et Cultures
Collection dirigée par Jean Nadal

Peut-on être à l'écoute de la souffrance, en comprendre les racines et y apporter des remèdes, hors d'un champ culturel et linguistique, d'un imaginaire social, des mythes et des rituels ? Qu'en est-il alors du concept d'inconscient ? Pour répondre à ces questions, la collection *Santé, Sociétés et Cultures* propose documents, témoignages et analyses qui se veulent être au plus près de la recherche et de la confrontation interdisciplinaire.

Déjà parus

Louis MOREAU DE BELLAING & Saverio TOMASELLA, *Les apatriés, Pieds-noirs, harkis, Algériens : subjectivités éprouvées et statuts politiques escamotés*, 2022.
Michel de BOUCAUD, *La prévention de la pédophilie dans la société et dans l'Eglise,* 2021.
Hélène COMPOINT, *Les héros de la jeunesse sur le divan. Psychanalyse de l'enfant de 6 à 11 ans,* 2021.
Florence PUKLAVEC, *Psychanalyse du sportif d'endurance. L'identité en marche,* 2019.
Christelle FERRATY-GIACARDI, *Le marin. Entre désir de voyage et nostalgie,* 2018.
Michel PETIT, *Ecce homo, l'odyssée de l'aventure humaine,* 2017.
Charles MARSEL, *Cahiers oubliés. Chronique fictive d'une errance psychodysleptique,* 2017.
Olga COLLAONE, *U.L.I.S.S., héros tragique du normativisme social. Essai sur l' « ordination » des structures éducatives en milieu scolaire* : homo ordinator, 2013.
Dominique PERROUAULT, *Le soin grâce à la musique. La triangularité en musicothérapie et la place du musicothérapeute,* 2013.
Gérald Quitaud, *Lève-toi et marche ! Le chemin psychologique de la création de soi*, 2012.
Anne DENYS, *Destins croisés au pays des chamans. Guéris par la forêt,* 2012.
Monique LIART, *Psychanalyse et psychosomatique. Le corps et l'écrit*, 2012.
Jean-Loup CLEMENT, *Mon père, c'est mon père. L'histoire singulière des enfants conçus par Insémination Artificielle avec Donneur* (nouvelle édition), 2012.

Jean-Claude Poirée

Les prémices de la vie

Fondements moléculaires

L'Harmattan

5-7, rue de l'École-Polytechnique, 75005 Paris
http://www.editions-harmattan.fr
ISBN : 978-2-336-41635-9
EAN : 9782336416359

Remerciements à

Jean NADAL pour ses encouragements, ses critiques pertinentes et ses précieux conseils pour la réalisation et la finalisation de cet ouvrage.

Mon épouse, lectrice et soutien permanent dans la rédaction de cet ouvrage.

Mes enfants et ma petite fille pour leur tendre affection.

Stéphane TRAMINI pour sa contribution à la réalisation des illustrations.

CHAPITRE I
INTRODUCTION

Produit d'une succession de hasards heureux pour les scientifiques matérialistes, ou d'un créateur de l'Univers, Dieu, pour un nombre croissant de scientifiques, la planète Terre est de toutes les planètes du système solaire, et peut-être au-delà, celle qui a bénéficié de toutes les conditions physiques et chimiques propices à l'apparition et à la pérennité de la Vie. En effet elle se situe à une distance de son étoile, le Soleil, beaucoup plus favorable que les autres planètes du système solaire à l'exception de Mars et Vénus, ses jumelles, qui, malgré des distances aussi favorables ont été victimes de malheureuses circonstances.

Un des événements majeurs fut, dès la formation de la Terre il y a 4,5 milliards d'années, la collision avec une protoplanète nommée Théia, de la taille de la planète Mars (1/10 du volume de la Terre). Cette protoplanète possédait une forte proportion d'eau qui a été intégrée dans le manteau recouvrant la surface terrestre. Avec le volcanisme intense qui régnait aux origines de notre planète l'eau accumulée dans le manteau a commencé à s'évaporer en même temps que le dioxyde de carbone CO_2, créant ainsi un effet de serre qui a contribué à abaisser progressivement la température de l'atmosphère favorisant la condensation de la vapeur d'eau, en pluies diluviennes sur quelques millions d'années, lesquelles ont contribué à la formation d'un Océan primitif. Le dioxyde de carbone qui était le gaz majoritaire de l'atmosphère terrestre (la concentration atmosphérique de CO_2 était 200 fois supérieure à la concentration actuelle) s'est alors dilué dans l'eau de l'Océan primitif pour former des carbonates. L'imprégnation du manteau par l'eau a permis à ce dernier de conserver une fluidité favorable à la tectonique des plaques qui permet toujours de nos jours l'émission de vapeur d'eau et de CO_2 favorables à la présence d'un effet de serre qui évite le gel des océans à des températures trop froides pour permettre la croissance des organismes vivants. Ce n'est plus le cas de la planète Mars qui ne possède plus d'atmosphère.

Un autre heureux hasard s'est produit lors de la collision qu'a subi la Terre à ses origines ; cette collision a entraîné l'éjection d'une masse solide dépourvue d'eau, la Lune, dont on sait qu'elle permet d'une part la stabilisation de l'axe terrestre et d'autre part l'agitation du milieu marin, propice au déplacement des espèces vivantes marines, par son intervention sur les marées.

L'intervention de hasards dans l'apparition de la Vie sur la Terre semble remise en cause par de nombreux scientifiques. Au cours du 19ème siècle, mais également du 20ème siècle de notre ère, scientifiques et philosophes niaient en majorité la possible existence d'un créateur à l'origine de la formation de l'Univers. L'Univers n'avait pour eux ni de début, ni de fin. Pour les biologistes l'apparition de la Vie n'aurait été que le fruit de hasards successifs. Avec les progrès techniques d'instruments d'observation et de mesure dans les domaines des mathématiques et de la physique au cours du 20ème siècle, un nombre de plus en plus important de scientifiques, connus pour être athées, ont admis que les données de la science fournissaient des preuves d'un Big Bang, lequel signifiait clairement que l'Univers avait eu un début, ce qui accréditait l'existence de Dieu. Dans cette optique deux auteurs : Michel Yves Bolloré et Olivier Bonnassies ont publié un excellent ouvrage intitulé « Dieu – La science – Les preuves* ». Cet ouvrage est une compilation de preuves scientifiques et de témoignages qui les amènent à affirmer qu'aujourd'hui il n'est plus possible de douter de l'existence de Dieu. La preuve la plus pertinente concernant le Big Bang fait état de la découverte en 1964 du rayonnement fossile résiduel du Big Bang, qui serait l'écho cosmologique de la création de l'Univers.

D'autre part la preuve la plus évidente de la fin de l'Univers serait liée à l'expansion de ce dernier qui s'accélère contrairement à la théorie qui prévoyait son effondrement (Big Crunch) en raison de la gravitation.

**Michel-Yves Bolloré et Olivier Bonnassies. Dieu - La Science – Les Preuves. 2021. Guy Trédaniel éditeur.*

En effet une mystérieuse énergie noire qui représente 70 % de la matière de l'Univers constituerait une force s'opposant à la gravitation. Il en découle que la dilatation sans fin de l'Univers entraînera son refroidissement par une augmentation de l'entropie rendant impossible toute réaction thermodynamique conformément à la seconde loi de thermodynamique. Dans environ 4 milliards d'années notre soleil grandira jusqu'à la planète Mars avant de s'éteindre et la Vie aura disparu de notre planète.

Dans le domaine de la biologie, il ne fait de doute pour aucun biologiste que la Vie sur notre planète a eu un début, ce qui, comme dans le cas de l'Univers, pourrait être en faveur d'un créateur. Un argument en faveur de cette croyance tient à la complexité du fonctionnement de la plus simple des cellules et à la rapidité, pour sa formation, du passage de l'inerte au vivant ; ce qui remettrait en cause l'intervention du hasard dans l'apparition de la Vie. Un scientifique (Harold Morovitz) a estimé à $10^{340\ 000}$ la probabilité que naisse par hasard la plus simple des espèces vivantes.

Sur le plan chimique, comme nous le verrons par la suite, la Terre, à ses origines, a subi un bombardement intense de météorites provenant de la fragmentation de comètes et d'astéroïdes ; cet apport de matières en provenance de l'univers est toujours à l'œuvre, le plus souvent sous forme de poussières en raison du bouclier protecteur qui entoure notre planète. Ces météorites ont apporté, pour certaines d'entre elles, une partie des molécules organiques originelles à la base de l'apparition des premiers organismes vivants.

Lorsqu'on évoque l'apparition de la vie sur notre planète Terre trois interrogations viennent à l'esprit : quand, où et comment.

Pour répondre à la première interrogation, il est utile de disposer de preuves vestigiales disponibles sur notre Terre. Ces preuves sont plus aisées à obtenir lorsqu'il s'agit de vertébrés en raison de la persistance de fossiles provenant des organismes morts. Mais les premiers organismes vivants étaient des invertébrés qui n'ont laissé que des empreintes sur des matériaux solides. Dans le premier cas la datation peut se réaliser directement sur des restes solidifiés des organismes, alors que dans le second cas cette datation est moins précise. La datation de la vie sur notre planète ne peut donc être qu'approximative et se situerait dans une fourchette de 3,8 à 3,7 milliards d'années pour une majorité de chercheurs en archéo-biologie. La Terre comme les 3 autres planètes telluriques (Mercure, Vénus et Mars) serait le résultat de l'accrétion de poussières solides et de gaz sans la présence d'eau indispensable à l'apparition de la vie.

Concernant les lieux où auraient pu apparaître les premiers organismes vivants, la question divise la communauté scientifique. La majorité des chercheurs formule l'hypothèse de l'apparition des premières formes de vie dans un Océan primitif au niveau des cheminées volcaniques créant ainsi des conditions hydrothermales favorables à la vie. La découverte en 1977 de bactéries hyperthermophiles vivant à une température proche de 100 °C à proximité des sources hydrothermales à 2 600 mètres de profondeur, là où deux plaques tectoniques se séparent, serait en faveur de cette localisation. D'autres chercheurs pensent que la vie aurait pu apparaître au niveau de nappes d'eau superficielles ou en bordure de l'Océan primitif à proximité de surfaces rocheuses. Les détracteurs de cette hypothèse arguent du fait que les rayons ultraviolets de provenance solaire n'auraient permis aucune forme de vie en raison de ses effets sur les macromolécules et notamment l'ADN. Il faut se souvenir qu'aux origines de la vie le rayonnement ultraviolet n'était pas arrêté par la couche d'ozone qui s'est constituée près de 3 milliards d'années plus tard. On connaît cependant des bactéries extrêmophiles capables de vivre en présence de radiations qui détruiraient la majorité des cellules vivantes de notre planète.

Demeure la question importante du comment serait apparue la vie sur Terre et peut être d'autres planètes comme Mars et même Vénus, les planètes les plus proches de la Terre. De nombreux chercheurs ont tenté, avec plus ou moins de succès, de reproduire les conditions physiques (température, pression) et chimiques (acidité, milieu réducteur, molécules minérales et gaz) supposées être prévalentes il y a environ 4 milliards d'années dans le but de synthétiser les briques moléculaires des organismes vivants. Ils ont pu synthétiser des biomolécules : sucres (glucose, ribose), acides aminés qui entrent dans la structure des protéines et bases azotées entrant dans la structure des acides nucléiques (ARN et ADN). D'autres chercheurs se sont intéressés aux roches d'origine extraterrestre (météorites, comètes) récemment tombées sur la Terre et en ont étudié la composition et notamment celles qui pouvaient contenir des biomolécules (chondrites carbonées les moins abondantes). Ces roches extraterrestres contiennent effectivement une dizaine parmi les 20 acides aminés retrouvés dans les protéines des organismes vivants, mais aussi un précurseur des sucres (le glycérol) et des bases azotées ainsi que des chaînes carbonées acides ayant des caractéristiques proches des acides gras des lipides. Ainsi les molécules biologiques des premiers organismes vivants pourraient être d'origine terrestre et extraterrestre.

La cellule représente l'unité de vie dont la création a été initiée il y a près de 3,8 milliards d'années. Pendant plus de 2 milliards d'années toutes les espèces vivantes n'étaient constituées que d'une seule cellule ; ces espèces étaient donc unicellulaires ; elles sont appelées procaryotes. Elles appartiennent à 2 familles, les Archéobactéries appelées plus généralement Archées et les Eubactéries. Elles ont majoritairement des caractères communs, mais présentent quelques différences mises en évidence récemment. Les Archées sont des bactéries extrêmophiles vivant en conditions extrêmes de température ou de salinité (Mer Morte), alors que les Eubactéries se développent, pour la grande majorité d'entre elles, dans des conditions normales de température et de salinité.

La cellule bactérienne, Archée ou Eubactérie, possède une organisation simple : le cytoplasme composé d'un milieu soluble, siège du métabolisme, appelé cytosol et d'une molécule unique d'ADN circulaire appelé chromosome, libre dans le cytosol. Une membrane cytoplasmique appelée membrane plasmique délimite les extrémités de la cellule. La cellule bactérienne est dite cellule procaryote. Les autres espèces vivantes appartenant aux 2 autres règnes : végétal et animal sont constituées du type cellulaire eucaryote. La cellule eucaryote contient le plus souvent plusieurs molécules d'ADN associées à des protéines qui forment les chromosomes. Les chromosomes sont présents dans un compartiment clos appelé noyau (caryon en grec). Le cytoplasme de la cellule eucaryote est constitué d'un cytosol au sein duquel sont localisés des compartiments délimités par des membranes auxquelles on donne le nom d'organites. Les organites sont issus d'endosymbioses de bactéries. L'endosymbiose est le résultat de la capture d'une bactérie par une autre, capture à la suite de laquelle les 2 bactéries se répartissent les fonctions cellulaires. On obtient ainsi une cellule dans laquelle la bactérie capturée devient indépendante structuralement parce que délimitée par une double membrane ; il en est de même pour le noyau de la cellule eucaryote, mais aussi les mitochondries chez les animaux et les chloroplastes chez les végétaux. Mitochondries et chloroplastes sont impliqués dans la production de l'énergie de la cellule. Quelques espèces eucaryotes sont unicellulaires et sont appelées protistes. La grande majorité des espèces eucaryotes sont pluricellulaires et sont donc formées de plusieurs cellules qui peuvent être identiques (Champignons) ou de plusieurs types (Végétaux, Animaux).

Les 3 types cellulaires (Archée, Eubactérie et Eucaryote) seraient issus d'une même cellule ancestrale qui a été nommée LUCA (Last Unique Common Ancestor) en raison de sa structure contenant au minimum une membrane en périphérie entourant un cytoplasme, des molécules biologiques communes et certains mécanismes moléculaires communs aux 3 types cellulaires. A l'intérieur de chaque groupe l'évolution a permis l'apparition de très nombreuses nouvelles espèces dont certaines ont disparues au cours de périodes d'extinction. L'exemple d'extinction d'espèces le plus connu concerne la majorité des dinosaures, excepté les plus petits d'entre eux, moins dépendants de la raréfaction de nourriture consécutive à des catastrophes d'origine terrestre (volcanisme) et/ou extraterrestre (chute d'une météorite).

Lorsqu'on étudie en détail le fonctionnement de la plus petite des cellules par sa taille et son volume, on est surpris par le nombre de réactions chimiques (domaine de la biochimie) qui peuvent se réaliser dans un si petit volume de manière coordonnée, sans la moindre interférence. De plus lorsqu'on s'intéresse aux mécanismes qui reposent sur ces réactions chimiques (domaine de la biologie) et qui organisent la vie de la cellule, on ne peut qu'être stupéfait par l'intelligence créatrice de ces mécanismes. Tout ce bel ordonnancement ne peut être le produit de hasards successifs, même si le processus de création de la première cellule a pu s'étendre sur plusieurs millions d'années. Il ne faut pas oublier que le processus de formation de la Terre s'est achevé il y a 4,1 milliards d'années dans une atmosphère de chaleur intense et que les premières cellules de vie sont apparues il y a 3,8 milliards d'années après la formation d'un Océan primitif tempétueux et très chaud, peu propice à l'apparition de la vie. On peut donc constater que la cellule dans sa version lointaine, mais déjà complète pour une première cellule est apparue assez rapidement. Cette rapidité rend la thèse de l'intervention d'un créateur plus probable.

Une apparition aussi rapide de la vie est aussi en faveur de l'hypothèse que des molécules organiques retrouvées dans les cellules vivantes étaient déjà présentes au niveau de la croûte terrestre. La planète Terre ayant été le résultat de l'accrétion de matériaux solides, au même titre que l'ensemble des planètes de l'Univers, renfermait déjà tous les atomes qui se sont formés à partir du premier atome apparu dès le commencement de l'Univers au moment du Big Bang, l'atome d'hydrogène H. Si l'on ajoute le bombardement intense de météorites d'origine extraterrestre, il y avait une accumulation importante dans le milieu marin de molécules (association d'atomes). Parmi ces molécules se trouvaient déjà des molécules appartenant à la catégorie des molécules biologiques (acides aminés, sucres, nucléotides, acides gras) au sein de ce qu'une majorité de scientifiques appelle une soupe primitive ; cette soupe du fait de sa concentration n'était pas dispersée dans le milieu aqueux que constitue la totalité de l'Océan primitif, mais à proximité de niches volcaniques. Dans cette soupe on ne trouvait pas que des molécules élaborées hors de la surface terrestre, une grande quantité de ces molécules dites prébiotiques étaient synthétisées à proximité des cheminées volcaniques, bénéficiant de l'apport de molécules gazeuses indispensables à leur synthèse. Ce n'est pas pour autant que la Vie était déjà présente dans cette soupe primitive, contestée par certains scientifiques. En effet la biologie de la cellule ne résulte pas d'une accumulation de réactions indépendantes de chimie organique, mais d'une succession ordonnée et reproductible de réactions partant d'une molécule organique précise et aboutissant à une molécule organique terminale précise. Cela s'appelle une chaîne métabolique et l'ensemble des chaînes métaboliques représente le métabolisme cellulaire. Les chaînes métaboliques partagées par toutes les cellules vivantes sont universelles et fondatrices et ont été certainement les premières à s'être constituées dans les toutes premières cellules. Il est donc évident que le métabolisme est une création cellulaire qui n'existait pas dans la soupe primitive. En revanche il a bien fallu acquérir pour la cellule des molécules présentes dans la soupe primitive pour initier une chaîne métabolique, car il n'a jamais été démontré qu'il pouvait y avoir une génération spontanée de cellule vivante.

Une autre question se pose concernant les réactions métaboliques présentes dans une cellule vivante. Certaines des réactions d'une chaîne métabolique nécessitent un apport d'énergie, assez souvent les réactions initiales des chaînes métaboliques ; sans cet apport le métabolisme ne peut plus se réaliser et le résultat est la mort cellulaire. On pourrait penser que cet apport est fourni par le milieu extracellulaire sous forme de molécules portant des liaisons énergétiques qui pourraient transmettre leur énergie à une autre molécule d'une chaîne métabolique du milieu intracellulaire. Or ce cas de figure n'a jamais été démontré dans aucune cellule vivante. Il s'ensuit que l'énergie d'une cellule ne peut être produite qu'à l'intérieur de la cellule. Qui plus est, cette énergie produite à l'intérieur de la cellule n'est pas exportable et n'est utile qu'à la cellule. On peut admettre que cette exportation n'a pas d'intérêt pour un organisme unicellulaire bactérien ; en revanche pour un organisme pluricellulaire cette exportation pourrait présenter un intérêt. En définitive chaque cellule vivante, quelle qu'elle soit, doit assurer sa propre production d'énergie. Le système de production d'énergie cellulaire, comme nous le verrons, est si sophistiqué qu'on pourrait le croire vulnérable ; il n'en est rien. En réalité son arrêt ne peut être le résultat que de l'absence de combustible que représente la molécule de glucose qui est le seul combustible de toutes les cellules vivantes. Le second combustible utilisé par toutes les cellules vivantes capables d'utiliser l'oxygène est représenté par les acides gras.

Les cellules de toutes les espèces répertoriées à ce jour partagent en commun 3 caractéristiques indispensables à la Vie qui font l'objet des principaux chapitres de cet ouvrage

1- Une membrane séparant le milieu intracellulaire du milieu extracellulaire
2- Un métabolisme intracellulaire permettant à la cellule de produire son énergie et de synthétiser les biomolécules nécessaires à ses fonctions.
3- Une information génétique portée par une ou plusieurs molécules d'ADN, détentrices des informations indispensables d'une part à la reproduction de l'espèce et d'autre part à la synthèse des protéines essentielles à l'activité cellulaire.

Il n'y a que peu de doutes sur le rôle fondateur d'une membrane, d'un métabolisme et d'une information génétique dans l'apparition de la Vie. Pour mystérieuse qu'elle demeure dans sa perfection et sa permanence, il faut considérer que plusieurs étapes préalables à la formation de la cellule ancestrale LUCA, à l'origine de toutes les espèces vivantes, sont intervenues à partir d'une matière inerte, ce que nous appelons les prémices de la Vie. Dans l'hypothèse développée dans cet ouvrage, l'élément initial a été la formation d'une membrane phospholipidique délimitant un espace clos. A l'intérieur de cet espace peu perméable un métabolisme initial regroupant certaines réactions d'une soupe primitive a produit une énergie chimique (ATP) et assuré la croissance d'une protocellule. En présence de cette énergie et de molécules d'origine exogène et/ou endogène est apparue une structure réplicative informationnelle (ARN) permettant une expression du message informationnel en protéines et assurant la reproduction, base de l'émergence de la Vie. Une dernière étape a produit la transcription de l'ARN en ADN, devenu alors définitivement le détenteur du message informationnel, l'ARN conservant son rôle de traducteur de ce message en protéines.

Un caractère spécifique à toute cellule concerne son origine. Toute cellule est héritière des caractères qui lui sont transmis par une cellule qui l'a précédée qu'on nomme cellule parentale, ce qui exclut toute génération spontanée ; la démonstration a été faite par Louis Pasteur au 19ème siècle. A partir d'une cellule parentale se produit une division qui aboutit à la formation de 2 cellules seulement, selon un mécanisme appelé mitose. Cette division ne peut se produire qu'après duplication de l'information génétique portée par l'ADN. Cette duplication est dépendante de la croissance de la cellule, laquelle est conditionnée par le métabolisme cellulaire pourvoyeur d'énergie et de molécules de petite taille qui constituent les briques élémentaires des futures biomolécules. Il est probable qu'au cours des prémices de la vie, d'autres structures prébiotiques ont adopté d'autres modes d'association peut-être indépendants comme nous le présentons dans cet ouvrage.

Les premiers organismes vivants étaient des organismes unicellulaires. Cette situation s'est prolongée pendant plus de 2 milliards d'années. Ces organismes appelés procaryotes ont la capacité de se diviser rapidement par un mécanisme simple de duplication de leur ADN suivi d'une division de la cellule en 2 cellules strictement identiques entre elles et à la cellule parentale dont elles proviennent. De ce fait on peut concevoir que, ce mécanisme se prolongeant indéfiniment, procurerait à ces espèces vivantes une immortalité. En expression biologique l'immortalité serait alors conçue comme la permanence, au cours des générations successives de cellules, des caractères présents dans la cellule parentale d'origine. La permanence des caractères est directement liée à la stabilité de l'ADN (composante génétique) et à son expression dépendante de l'environnement (composante épigénétique). En raison des mutations qui peuvent affecter l'ADN, la permanence des caractères paraît inconcevable, ce qui compromet la notion d'immortalité. Certains biologistes font l'hypothèse que certaines espèces, vivant dans les profondeurs des océans, peuvent avoir conservé leurs caractères biologiques initiaux à l'abri des perturbations des milieux marin et terrestre plus exposés aux variations de leur environnement.

En réalité l'immortalité des organismes procaryotes, telle que définie précédemment, a été compromise lorsque certains d'entre eux ont réalisé des transferts de gènes entre organismes d'une même espèce. En effet par la présence ou l'absence d'un facteur de fertilité, certains de ces organismes avait la capacité de donner des gènes et d'autres de les recevoir, ce qui correspond à une ébauche de sexualité. Mais la sexualité s'est réellement traduite en 2 genres femelle et mâle avec l'apparition d'organismes pluricellulaires, d'abord dans le règne végétal, puis dans le règne animal. La pluricellularité a entraîné une différenciation en plusieurs types cellulaires dans un même organisme vivant. Par la différenciation sont apparues des cellules reproductrices à l'origine des gamètes femelle et mâle. Tout nouvel organisme vivant ne pouvait dès lors provenir que de la fécondation d'un gamète femelle par un gamète mâle. La production de très nombreux gamètes à partir de cellules productrices mâles est associée à des recombinaisons génétiques qui vont accroître la diversité génétique de ces gamètes. Il en est de même pour les gamètes femelles produits en quantité beaucoup plus réduite. La fécondation va générer des organismes d'une même espèce différents les uns des autres à l'exception des vrais jumeaux. La sexualité a introduit une diversité génétique qui a entraîné la perte de l'immortalité.

Il n'en reste pas moins que de nombreux scientifiques classent parmi les cellules immortelles les cellules souches embryonnaires, les toutes premières cellules issues de la fécondation, qui sont des cellules normales ainsi que les cellules cancéreuses qui sont des cellules anormales. Les premières sont capables de produire tous les types cellulaires d'un organisme pluricellulaire, alors que les secondes peuvent être cultivées indéfiniment sur un milieu de culture conditionné.

Il ressort de ce qui précède que l'ADN, en tant que détenteur du message, par l'intermédiaire de séquences appelées gènes qu'il renferme, est générateur de la pulsion de vie. Toute cellule qui perd son ADN est entraînée vers la mort dans un délai dont la durée dépend du maintien d'un métabolisme cellulaire, lui-même géré par des protéines enzymatiques qui lui servent de catalyseurs des réactions métaboliques. Or les protéines sont synthétisées à partir des messages présents dans les gènes de l'ADN ; ils en sont donc l'expression. A titre d'exemple les globules rouges

(80 % des cellules chez l'Homme), qui ont perdu leur ADN au cours de la différenciation cellulaire, ont une durée de vie voisine de 120 jours. D'autre part toute cellule dont l'ADN est présent, mais en incapacité de se répliquer entre en sénescence. La sénescence n'interrompt pas l'expression des gènes en protéines et ne compromet donc pas l'activité métabolique de la cellule. En revanche l'arrêt de la réplication de l'ADN entraîne l'arrêt de la division de la cellule. La sénescence réplicative est un processus naturel pour les cellules nerveuses et musculaires en lien possible avec la permanence de communications qui se sont établies entre les cellules nerveuses par l'intermédiaire de synapses. En revanche la sénescence cellulaire est une réaction de la cellule à une prolifération cellulaire excessive comme dans le cas de la formation de tumeurs ; elle évite donc, en arrêtant la réplication de l'ADN, une prolifération de cellules anormales dont le fonctionnement menacerait l'organisme dans sa globalité. Cet arrêt de la reproduction cellulaire a pour conséquence une accumulation dans la cellule sénescente de déchets du métabolisme. Il s'ensuit un stress cellulaire, cause de réactions inflammatoires génératrices à leur tour de dégénérescence cellulaire précédant la mort de la cellule.

Pour y remédier l'apoptose ou mort cellulaire programmée peut intervenir pour dégrader en petits fragments l'ADN de la cellule en situation de stress, interrompant ainsi l'expression des gènes en protéines. De plus l'apoptose ne donne aucune chance à la cellule de maintenir une activité métabolique ; en effet elle met hors circuit le mécanisme de production d'énergie indispensable au métabolisme. L'apoptose est un mécanisme plus radical que la sénescence qui, en outre, n'est pas générateur d'inflammation. L'apoptose est une issue plus favorable pour l'organisme vivant dans son ensemble en éliminant des cellules devenues dangereuses par leur capacité à proliférer et à envahir l'organisme (tumeurs et leurs métastases). L'apoptose comme la sénescence sont des mécanismes exclusivement présents chez les organismes pluricellulaires. L'apoptose joue aussi un rôle important dans l'embryogenèse en éliminant des cellules devenues inutiles dans le développement de l'embryon. C'est le cas notamment dans la formation des doigts de la main qui en cours d'embryogenèse passent d'une structure en palme vers une structure digitale.

L'ADN, molécule indispensable à la vie, reste cependant muet en l'absence de protéines qui sont pourtant le résultat de l'expression des gènes inclus dans l'ADN. Ce paradoxe a longtemps persuadé les biologistes que les véritables porteurs des messages étaient les protéines, molécules pourtant non réplicatives. Le langage ADN est exprimé à 2 niveaux successifs et complémentaires. Le premier niveau d'expression est une transcription du langage ADN en ARN messager. Le second niveau d'expression est une traduction des ARN messagers en protéines. C'est le niveau transcriptionnel qui serait inhibé en l'absence de protéines. Le niveau traductionnel est en grande partie dépendant des ARN. En se référant en particulier à ces données, une grande majorité de biologistes ont émis l'hypothèse d'un monde ARN qui aurait précédé le monde ADN aux origines de la vie.

Il n'en reste pas moins vrai que l'ADN est la seule molécule biologique qui demeure après la mort alors que toutes les autres ont été converties en une matière inerte. La pulsion de vie est donc liée à l'expression du message et non pas au message lui-même. C'est précisément sur l'expression des gènes qu'intervient l'environnement en la modulant qualitativement et quantitativement. L'environnement occupe un rôle important dans la biodiversité.

Pour conclure il est permis de se demander si sexualité et mortalité n'ont pas procuré à la planète Terre la richesse et la beauté de sa Nature : la sexualité en lui offrant la biodiversité et la mortalité en évitant à certaines espèces aptes à se reproduire rapidement d'en tirer un avantage pour mettre en péril cette biodiversité.

CHAPITRE II
LE METABOLISME DE LA CELLULE

I - INTRODUCTION

La certitude que tout scientifique peut avoir, c'est que la vie, telle que nous l'observons sur notre planète, n'a pu apparaître que dans un espace clos délimité par une membrane. Cependant un espace clos ne suffit pas à lui seul, même s'il reçoit des molécules du milieu environnant, à constituer l'unité de vie qu'est une cellule. Il faut en effet que les molécules indispensables à la vie de la cellule qu'on appelle les biomolécules puissent être, soit importées du milieu environnant, soit en partie ou totalement synthétisées dans l'espace clos délimité par la membrane.

La majorité des biomolécules sont hydrophiles, donc solubles dans l'eau, le solvant indispensable à l'apparition de la vie ; seules les biomolécules lipidiques sont insolubles ou très partiellement solubles dans l'eau. Donc il est vraisemblable que l'apparition de la vie a nécessité un prélèvement indispensable continu de molécules inorganiques et organiques à partir du milieu environnant et ce prélèvement demeure indispensable après 3,8 milliards d'années, même si les modalités peuvent être différentes pour un organisme unicellulaire (bactéries) ou pluricellulaire (végétaux et animaux).

Des molécules organiques prébiotiques présentes dans toutes les cellules ont été retrouvées sur la Terre, mais aussi dans des météorites projetées sur la Terre. Une différence majeure existe cependant entre les réactions chimiques qui se réalisent dans le milieu environnant et celles qui se produisent dans la cellule. Leur point commun réside dans le fait que les molécules organiques sont toutes constituées de chaînes carbonées contenant au minimum 2 atomes de carbone. La principale caractéristique de la chimie prébiotique qui a lieu dans le milieu environnant tient à l'équilibre des réactions entre molécules. Ainsi si une molécule A entre en réaction avec une molécule B pour produire une molécule C et une molécule D dans un sens, la molécule C peut réagir avec la molécule D pour produire la molécule A et la molécule B dans l'autre sens. La réaction est donc réversible et la réaction globale tend vers un équilibre. La principale caractéristique de la chimie biologique qui a lieu dans la cellule tient au fait que les réactions biochimiques ne sont jamais à l'équilibre. En effet lorsqu'une biomolécule A entre en réaction avec une biomolécule B pour produire une biomolécule C, la biomolécule C réagit dans une réaction suivante avec une molécule D pour donner une molécule E et ainsi de suite, si bien que l'équilibre de chaque réaction n'est jamais atteint.

En fait la chimie biologique est constituée d'un ensemble de transformations chimiques ou physico-chimiques qui se déroulent dans un organisme vivant, à l'intérieur de chaque cellule. Cet ensemble de transformations est appelé métabolisme, terme issu d'un mot grec signifiant changement.

II- LA CHIMIE BIOLOGIQUE

La chimie du vivant ou chimie biologique ou biochimie peut se résumer en quelques lignes :

Elle est composée à 99 % par 4 atomes dont 3 d'entre eux ont des nombres atomiques proches : carbone ^{12}C, azote ^{14}N et oxygène ^{16}O ; le quatrième atome est l'hydrogène ^{1}H.

Les biomolécules sont formées généralement d'un enchaînement linéaire de liaisons entre atomes de carbone. Ces molécules linéaires sont des molécules dites aliphatiques. Certaines biomolécules sont composées de cycles contenant des atomes d'azote ; chaque cycle est constitué d'un enchaînement de liaisons carbone – carbone et de liaisons carbone - azote. Une molécule formée d'un ou plusieurs cycles est une molécule dite aromatique.

Sur les atomes de carbone sont fixés des groupements fonctionnels. Les principales fonctions des biomolécules sont : fonction alcool -OH, fonction cétone =O, fonction acide -COOH et fonction amine $-NH_2$. Une biomolécule à fonction alcool -OH peut se lier à la fonction acide -COOH d'une autre biomolécule pour former une liaison ester. De même une biomolécule à fonction thiol -SH peut se lier à la fonction acide -COOH d'une autre biomolécule pour former une liaison thio- ester. Une biomolécule à fonction amine $-NH_2$ peut se lier à la fonction acide -COOH d'une autre biomolécule pour former une liaison amide. Les liaisons ester, thio-ester et amide sont les plus fréquentes entre biomolécules.

III- LES BIOMOLECULES

Les biomolécules présentes dans les cellules sont à plus de 99 % composées de 3 atomes différents en proportions variables : le carbone C, l'hydrogène H et l'oxygène O ; certaines contiennent en plus des atomes d'azote. Parmi l'ensemble des atomes présents dans l'Univers ils sont parmi les plus petits, ce qui leur donne une meilleure capacité à contracter des liaisons covalentes stables. Le terme final de dégradation de ces biomolécules est dans la majorité des cas du dioxyde de carbone CO_2 et de l'eau ; l'azote lorsqu'il est présent est éliminé soit sous forme d'ammoniac NH_3, soit sous forme d'une molécule organique contenant du carbone, de l'hydrogène et de l'oxygène (urée, acide urique). Les biomolécules représentent l'ensemble des molécules organiques dont les cellules ont besoin pour leurs structures et leurs fonctions.

Deux des 4 classes de biomolécules, les glucides et les lipides, sont des molécules dites hydrocarbonées qui ne sont composées que d'atomes de carbone, d'hydrogène et d'oxygène. Les 2 autres classes de biomolécules, dites azotées, les acides aminés et les nucléotides, contiennent un atome supplémentaire, l'atome d'azote N. Ce sont précisément ces 2 dernières classes de biomolécules qui se structurent en polymères dans toutes les cellules vivantes : les protéines à partir de 20 acides aminés différents et les acides nucléiques (ADN et ARN) à partir de 4 nucléotides différents. Les autres principaux atomes présents dans les cellules sont inorganiques : sodium Na^+, potassium K^+, chlore Cl^-, magnésium Mg^{++}, calcium Ca^{++}, phosphore, fer et soufre.

Les 4 classes de biomolécules présentes dans les cellules vivantes **(Figure 1)** sont :

GLUCOSE $CH_2OH - (CHOH)_4 - \underset{\displaystyle O}{\underset{\|}{C}} - H$

ACIDE GRAS $CH_3 - (CH_2)_{14} - COOH$

Acide palmitique

PHOSPHOLIPIDE

$$\begin{array}{r} CH_3\text{-}(CH_2)_{14}\text{-}CO - O - CH_2 \\ | \\ CH_3\text{-}(CH_2)_5\text{-} CH{=}CH\text{-}(CH_2)_7\text{-}CO - O - CH_2 \\ | \\ CH_2 - O - PO_3H_3 \end{array}$$

ACIDE AMINE $R - \underset{\displaystyle NH_2}{\underset{|}{CH}} - COOH$

Acides aminés neutres

$R : H$	Glycine	$R : CH - CH_3$	Valine
$R : CH_3$	Alanine	$R : CH_2\text{-}CH\begin{smallmatrix} CH_3 \\ CH_3 \end{smallmatrix}$	Leucine
$R : CH_2 - OH$	Sérine		
$R : CHOH - CH_3$	Thréonine	$R : \underset{\displaystyle CH_3}{\underset{|}{CH}} - CH_2 - CH_3$	Isoleucine
$R : CH_2 - SH$	Cystéine		
$R : (CH_2)_2 - S - CH_3$	Méthionine	$R : CH_2 - \overset{\displaystyle O}{\overset{\|}{C}} - NH_2$	Asparagine
$R : \begin{array}{l} CH2 - CH2 \\ \ \ \mid \qquad\ \mid \\ CH2 \quad CH - COOH \\ \ \ \backslash \quad / \\ \quad NH \end{array}$	Proline	$R : (CH_2)_2 - \overset{\displaystyle O}{\overset{\|}{C}} - NH_2$	Glutamine

Acides aminés chargés

$R : CH_2 - COO^-$	Acide aspartique	$R : (CH_2)_4 - NH_3^+$	Lysine
$R : (CH_2)_2 - COO^-$	Acide glutamique	$R : (CH_2)_3 - NH - \overset{\displaystyle N^+H_2}{\overset{|}{C}} - NH_2$	Arginine

FIGURE 1 LES BIOMOLECULES ALIPHATIQUES

Acides aminés cycliques

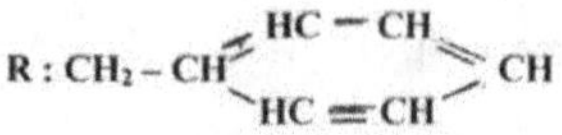

Phénylalanine (neutre)

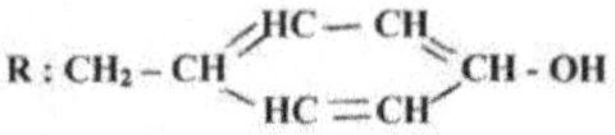

Tyrosine (neutre)

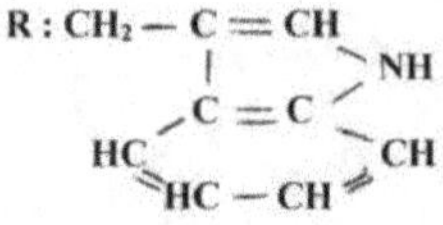

Tryptophane (neutre)

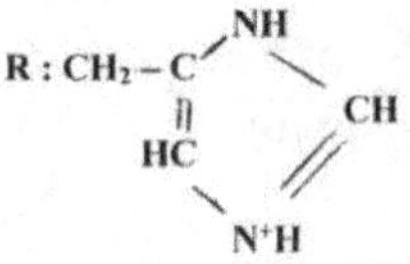

Histidine (chargé)

NUCLEOTIDES

Nucléotides puriques

AMP

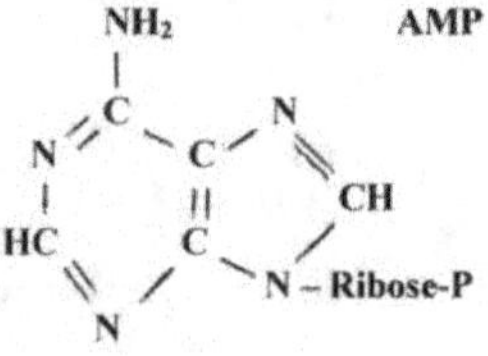

GMP

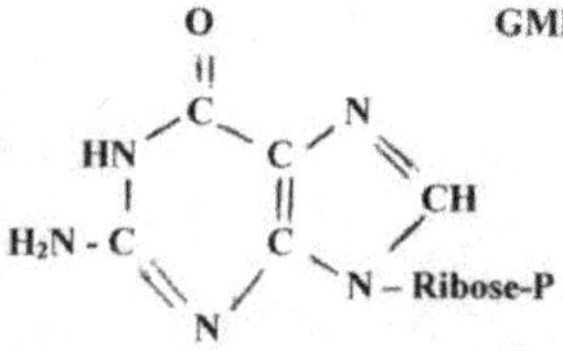

Nucléotides pyrimidiques

CMP

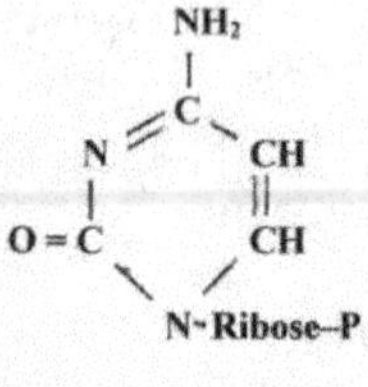

UMP

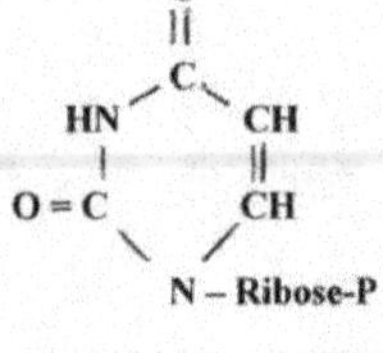

TMP

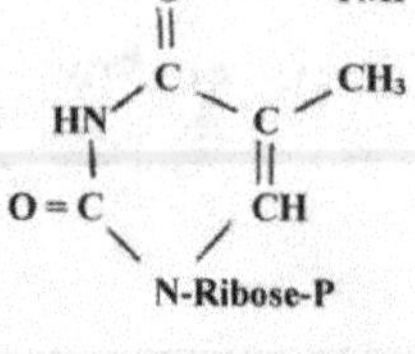

FIGURE 1 LES BIOMOLECULES AROMATIQUES

Les glucides, biomolécules contenant de 2 à 7 atomes de carbone porteurs en majorité de fonctions alcool -OH. Ce sont des polyalcools très solubles dans l'eau. Le glucide présent dans toutes les cellules vivantes est **le glucose**, la biomolécule énergétique commune à toutes les cellules vivantes.

Les lipides, biomolécules contenant de 10 à 27 atomes de carbone dont un seul de ces atomes est porteur d'une fonction acide -COOH, à l'exception des stérols qui portent une fonction alcool (cholestérol chez les animaux). Certains sont de structure linéaire, **les acides gras ;** ils sont aussi des biomolécules énergétiques d'une majorité de cellules vivantes. La liaison de 2 acides gras à une molécule de glycérol phosphate forme l'acide phosphatidique ; ce dernier constitue la base des **glycérophospholipides,** présents dans toutes les membranes cellulaires. D'autres lipides ont une structure polycyclique : le cholestérol chez les animaux exclusivement ou les phytostérols chez les végétaux. Pas de stérols dans le règne bactérien.

Les protides, constitués principalement par les **protéines.** Les protéines sont des biomolécules polymériques constituées de monomères appelés **acides aminés,** car ils portent sur un même atome de carbone une fonction acide -COOH et une fonction amine $-NH_2$. Les acides aminés sont au nombre de 20 et contiennent de 2 à 9 atomes de carbone. Quinze des 20 acides aminés sont apolaires ou polaires et ne portent donc pas de charge positive ou négative ; ils sont dits neutres. Les 5 autres acides aminés sont chargés et portent soit une charge négative pour 2 d'entre eux (acide aspartique et acide glutamique), soit une charge positive pour 3 d'entre eux (lysine, arginine et histidine).

Les acides nucléiques sont divisés en acides désoxyribonucléiques (ADN) et acides ribonucléiques (ARN). ADN et ARN sont des biomolécules polymériques constituées de monomères appelés désoxyribonucléotides pour l'ADN et ribonucléotides pour l'ARN. Chaque monomère résulte de l'association de ribose-phosphate (ribonucléotide) ou de désoxyribose-phosphate (désoxyribonucléotide) avec des molécules cycliques azotées basiques qu'on appelle pour cette raison bases azotées : adénine, guanine, cytosine, uracile (ARN) et thymine (ADN). Les biomolécules d'ADN et d'ARN sont constituées pour chacune d'entre elles de 4 monomères différents. La principale différence porte sur le désoxyribose dans le cas des désoxyribonucléotides et du ribose dans le cas des ribonucléotides. L'ADN est toujours formé d'une structure en double chaîne (structure bicaténaire), alors que l'ARN est formé d'une structure en simple chaîne (monocaténaire). La seule exception se trouve dans certains virus qui contiennent un ARN bicaténaire, mais le virus ne constitue pas une cellule puisqu'il ne possède pas de métabolisme.

IV - LE METABOLISME

Le métabolisme cellulaire est organisé sous forme de chaînes métaboliques ; chacune d'entre elles est une succession de réactions chimiques initiée par un métabolite et terminée par un autre métabolite. De plus certaines de ces chaînes métaboliques sont en interconnexion, si bien que le métabolisme dans son ensemble de nos jours se présente comme un vaste réseau de près de 500 métabolites. L'ensemble des chaînes métaboliques de synthèse des biomolécules à partir de métabolites de petite taille constitue l'anabolisme. L'ensemble des chaînes métaboliques de dégradation des biomolécules en métabolites de petite taille constitue le catabolisme. Les réactions cataboliques sont des réactions d'oxydation productrices d'un pouvoir énergétique et d'un pouvoir réducteur par extraction d'atomes d'hydrogène aux métabolites de certaines de ces chaînes. A partir des métabolites de petite taille, du pouvoir énergétique et du pouvoir réducteur les chaînes anaboliques synthétisent les biomolécules par réduction des métabolites de petite taille. En raison de leur présence à la terminaison des chaînes cataboliques et au commencement des chaînes anaboliques, les métabolites de petite taille sont des métabolites intermédiaires. Toutes les réactions métaboliques nécessitent la présence de catalyseurs.

Il est probable qu'au cours du passage de la matière inerte à la matière vivante sont apparues des protocellules dans lesquelles un embryon de métabolisme s'est progressivement constitué pour assurer une production d'énergie et un pouvoir réducteur.

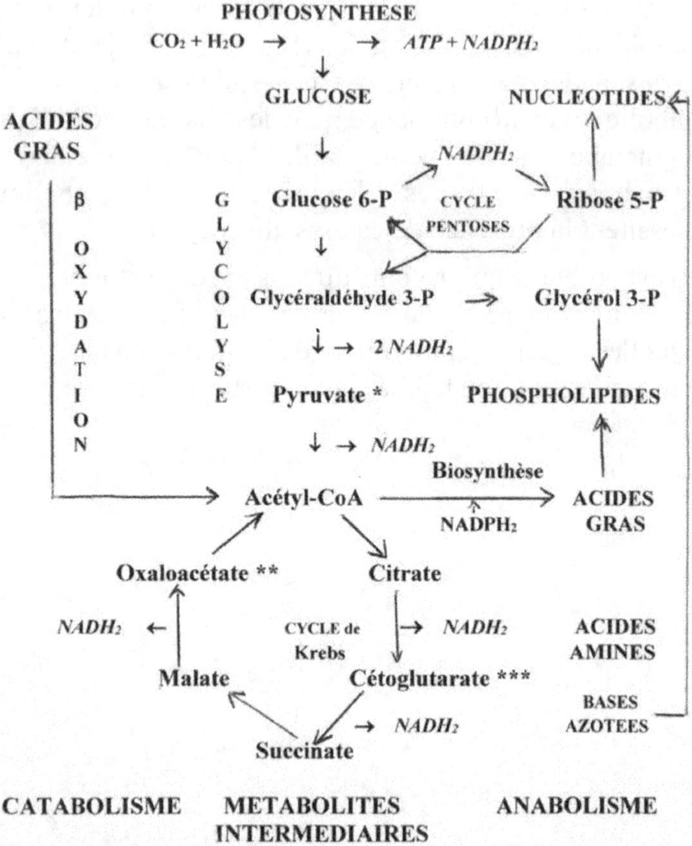

Précurseur d'acides aminés *
Précurseur d'acides aminés et de bases pyrimidiques **
Précurseur d'acides aminés et de bases puriques ***

FIGURE 2 LES VOIES METABOLIQUES MAJEURES

=

A-LES VOIES CATABOLIQUES ORIGINELLES

Lors de l'apparition des premières protocellules métaboliques, la première condition indispensable au métabolisme était la production d'une énergie à l'intérieur de la cellule. La seule molécule énergétique cellulaire universelle est l'ATP **(Figure 3)**. La molécule d'ATP est produite dans toutes les cellules à partir de molécules réduites, c'est-à-dire de molécules possédant des atomes d'hydrogène. La molécule réduite qui a permis la production d'ATP était le glucose. Dans ce but la molécule de glucose (formule brute $C_6H_{12}0_6$) est oxydée en 2 molécules de pyruvate (formule brute $C_3H_40_3$) par une voie catabolique appelée glycolyse, qui se réalise en anaérobiose, c'est-à-dire en l'absence d'oxygène moléculaire O_2 **(Figure 2)**. D'autres bactéries anaérobies ont produit de l'ATP par photosynthèse à partir de l'hydrogène sulfuré H_2S ou de l'eau H_2O ainsi que du glucose à partir des atomes d'hydrogène de H_2S et de H_2O. La photosynthèse à partir de l'hydrogène sulfuré a libéré du soufre S et la photosynthèse à partir de l'eau a libéré de l'oxygène. Pendant des millions d'années l'oxygène a été complexé par le fer des océans ; ainsi toutes les espèces, exclusivement marines du fait de l'absence d'oxygène libre étaient anaérobies. L'oxydation du glucose par le cycle de Krebs, en aérobiose, n'est intervenue que tardivement lorsque l'oxygène moléculaire n'était plus complexé par le fer des océans. En revanche est apparu très tôt chez les bactéries non photosynthétiques le cycle du glyoxylate. Ce cycle correspond au cycle de Krebs sans les étapes de décarboxylation du citrate en cétoglutarate et de ce dernier en succinate, les 2 étapes d'oxydation du citrate productrices d'énergie. Par le cycle du glyoxylate, les bactéries non photosynthétiques pouvaient produire toutes leurs biomolécules y compris le glucose.

La production d'énergie par la voie de la glycolyse est de 4 molécules d'ATP par molécule de glucose. La glycolyse est une voie catabolique universelle, puisqu'elle est présente dans toutes les cellules vivantes. Au cours de la glycolyse, l'oxydation du glucose libère les électrons des atomes d'hydrogène et les protons correspondants. Électrons et protons sont pris en charge par un accepteur d'électrons et de protons, une molécule de Nicotinamide Adénine Dinucléotide ou NAD convertie en $NADH_2$ **(Figure 3)**.

Deux alternatives sont alors possibles :

1- Soit les électrons et les protons demeurent liés au $NADH_2$ en cas d'absence d'accepteur d'électrons et de protons. Dans ce cas ces électrons et protons doivent être cédés à une molécule afin de convertir le $NADH_2$ en NAD pour ne pas bloquer la voie de la glycolyse et la production d'ATP par cette voie, l'accepteur étant la molécule de pyruvate, molécule terminale de la voie de la glycolyse. Le pyruvate est donc réduit en une molécule de lactate (formule brute $C_3H_60_3$). Cette réduction du pyruvate en lactate est appelée fermentation. Cette alternative est probablement intervenue à l'apparition des premières protocellules.

Les érythrocytes ou globules rouges qui représentent la grande majorité des cellules de l'organisme humain (84%) utilisent cette voie de la fermentation pour la production d'ATP. Il en est de même pour les muscles striés du squelette humain lorsqu'ils sont en manque d'oxygène.

ADENOSINE

TRIPHOSPHATE

ATP

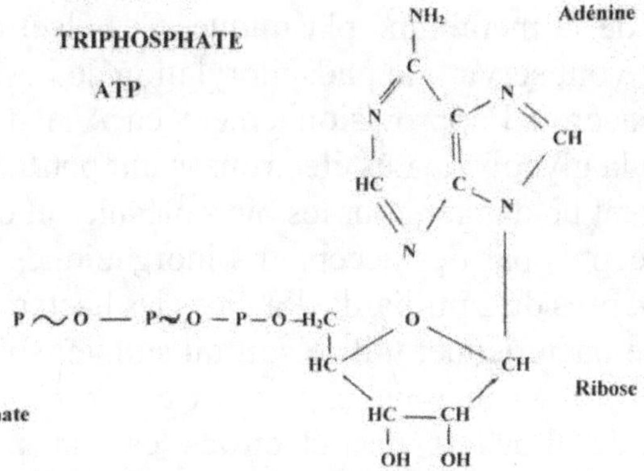

NICOTINAMIDE
ADENINE DINUCLEOTIDE
NAD

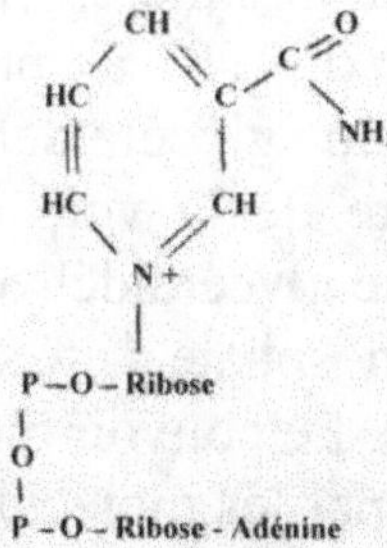

FIGURE 3 STRUCTURE DE L'ATP ET DU NAD

2- Soit les électrons et les protons liés au $NADH_2$ sont transférés à une chaîne de transfert d'électrons localisée au niveau de la membrane plasmique. Ces électrons par leur énergie vont servir à la phosphorylation de l'ADP en ATP, ce qui accroît l'approvisionnement en ATP fourni par la voie de la glycolyse. Les électrons ayant perdu leur énergie présentent un danger pour les biomolécules et doivent donc être acceptés par des accepteurs inorganiques d'électrons. Pendant près de 2 milliards d'années les bactéries ont, selon l'espèce bactérienne, utilisé soit du sulfate, soit du nitrate, soit du carbonate pour capter les électrons libres. Cette chaîne de transfert des électrons est un processus de respiration. Cette alternative n'a pu intervenir qu'avec la synthèse de protéines après la synthèse des ARN qui l'a précédée.

Dans les premières protocellules métaboliques, la production d'ATP a probablement été obtenue par oxydation du glycéraldéhyde 3 phosphate, métabolite intermédiaire de la voie de la glycolyse. A partir de 2 molécules de glycéraldéhyde 3 phosphate, une molécule de glucose 6 phosphate a été synthétisée par la voie inverse de la glycolyse. Le pouvoir réducteur a dans un premier temps était fourni par les molécules d'hydrogène H_2 et H_2S avant que n'intervienne la voie des pentoses phosphates à partir du glucose 6 phosphate. Par la voie des pentoses phosphates ont été synthétisés du $NADPH_2$ et du ribose 5 phosphate, précurseur des ribonucléotides, monomères de l'ARN.

Ainsi s'est mis en place dans les premières protocellules métaboliques un métabolisme autour de la glycolyse et de la voie des pentoses phosphates qui a permis à la protocellule de s'autonomiser pour sa production d'énergie et son pouvoir réducteur issus tous deux de l'oxydation du glucose.

Très peu de temps après la production d'ATP par la glycolyse est apparue une nouvelle source de production d'ATP, la photosynthèse. Contrairement à la fermentation la molécule réduite n'est pas une biomolécule, le glucose, mais une molécule inorganique, l'hydrogène sulfuré H_2S. De plus l'extraction des électrons et protons de la molécule de H_2S est générée par l'énergie des photons dont la source est la lumière solaire et peut-être des roches dans la profondeur des océans. L'accepteur des électrons et des protons des atomes d'hydrogène n'est pas le NAD, mais une molécule de NAD avec une molécule de phosphate supplémentaire, le NADP converti en $NADPH_2$. L'avantage de la photosynthèse est de produire en même temps un pouvoir énergétique (ATP) et un pouvoir réducteur ($NADPH_2$). Le terme photosynthèse pourrait paraître inapproprié, puisqu'il s'agit d'une oxydation de la molécule de H_2S, alors qu'une synthèse est une réduction d'une molécule oxydée. En réalité la phase décrite n'est que la première partie du processus de photosynthèse, la seconde partie étant constituée par la synthèse de glucose à partir du dioxyde de carbone CO_2 en présence d'ATP et de $NADPH_2$ avec libération d'oxygène moléculaire O_2.

Cette voie d'oxydation de H_2S a été appelée photosynthèse anoxygénique (voir annexe). Un autre type de photosynthèse est apparue quelques milliers d'années plus tard, la photosynthèse oxygénique avec comme molécule réduite la molécule d'eau H_2O et non pas H_2S (voir annexe).

L'oxygène moléculaire O_2 qui est libéré dans l'Océan primitif lors de la photosynthèse oxygénique a, pendant des millions d'années, été complexé au fer ferrique Fe^{3+}, très abondant dans l'Océan primitif en raison du volcanisme important.

B-LES VOIES ANABOLIQUES ORIGINELLES

Les protocellules métaboliques étaient chimio-lithotrophes, car leurs molécules inorganiques provenaient de gaz émis par un volcanisme intense, en particulier du dioxyde de carbone CO_2, de l'hydrogène sulfuré H_2S, du dihydrogène H_2 et de l'ammoniac NH_3, soit tous les atomes présents dans les métabolites. D'autre part ces premières protocellules sont apparues au niveau du plancher océanique riche en silicates ferreux et magnésiens. Au contact de l'eau ces silicates, par le processus dit de serpentinisation, ont produit de l'hydrogène moléculaire H_2 par les réactions suivantes :

$$3FeO + H_2O \rightarrow Fe_3O_4 + H_2$$

$$2FeO + H_2O \rightarrow Fe_2O_3 + H_2$$

H_2 et H_2S sont des molécules réductrices qui ont fourni des électrons aux molécules oxydées de CO_2. La réaction a permis de produire des molécules réduites de méthane CH_4, précurseur de molécules réduites de plus grande taille. Cette réaction est facilitée par la présence de magnétite Fe_3O_4 sous-produit de la serpentinisation qui sert de catalyseur à la réaction. Ces protocellules chimio-lithotrophes sont représentées par les bactéries méthanogènes dont certaines espèces pourraient encore être présentes dans les écosystèmes hydrothermaux des profondeurs des océans.

De plus le méthane formé peut être oxydé en formaldéhyde HCHO. Par la réaction de formose, 2 molécules de formaldéhyde se condensent pour produire une molécule de glycéraldéhyde, précurseur de tous les glucides dont le glucose et le ribose, molécule essentielle pour la synthèse des nucléotides. La molécule de glycéraldéhyde peut être phosphorylée par une molécule de phosphate en glycéraldéhyde 3-phosphate, une molécule essentielle dans l'oxydation du glucose par la voie de la glycolyse. De plus la molécule de glycéraldéhyde 3-phosphate peut être oxydée en glycérol 3-phosphate qui s'associe à 2 molécules d'acides gras pour produire les glycérophospholipides **(voir figure 2)**.

La molécule de méthane CH_4 peut également se condenser avec une molécule de dioxyde de carbone CO_2 en présence d'une molécule d'hydrogène sulfuré H_2S pour produire une molécule de thio-acétyl CH_3-CO-SH dont la liaison thiol est riche en énergie. Les molécules de thio-acétyl peuvent se condenser pour produire de longues chaînes de lipides : acides gras présents dans les phospholipides des membranes plasmiques des eubactéries et des eucaryotes et structures terpéniques des membranes plasmiques des archées. La condensation de 3 molécules de thio-acétyl est le point de départ du cycle du glyoxylate, à partir duquel sont synthétisés les acides aminés et le glucose dans les bactéries non photosynthétiques.

L'addition d'ammoniac NH_3 et d'acide cyanhydrique HCN au CO_2 et à H_2 à un pH neutre ou basique a permis d'obtenir les biomolécules azotées (acides aminés cycliques et bases puriques et pyrimidiques) ; ces dernières associées au ribose phosphate ont produit les nucléotides entrant dans la constitution de l'ADN et de l'ARN.

Toutes ces synthèses de biomolécules monomériques ont pu se produire dans ce que les scientifiques appellent communément une soupe primitive prébiotique avant de se réaliser à l'intérieur de la protocellule. Les réactions dont nous avons parlées, si elles restent des hypothèses, ont été validées par des expériences en laboratoire dans les conditions physiques (température, pression) et chimiques (molécules et atomes) présumées présentes aux origines des premières cellules.

Dans la soupe primitive prébiotique comme dans les cellules certaines réactions chimiques nécessitent l'activation des biomolécules entrant en réaction par de l'énergie chimique. Dans les protocellules les 2 principales molécules, toutes deux inorganiques, permettant l'activation chimique de biomolécules étaient la liaison pyrophosphate, liaison anhydride unissant entre elles 2 molécules de phosphate, et l'hydrogène sulfuré H_2S. Dans le premier cas la molécule de pyrophosphate, molécule acide, transfère l'énergie de liaison pyrophosphate à une biomolécule portant une fonction alcool pour former une liaison ester-phosphate. Les molécules phosphorylées de la glycolyse sont activées par l'ATP qui possède 2 liaisons pyrophosphate. Les biomolécules à fonction acide sont estérifiées par l'hydrogène sulfuré H_2S qui transfère l'énergie de liaison présente dans la liaison entre un atome d'hydrogène et l'atome de soufre de H_2S ; la liaison est une liaison thio-ester.

La synthèse des polymères d'ARN et de protéines était improbable dans une soupe primitive où l'entropie était plus importante que dans l'espace clos délimité par une membrane peu perméable à l'eau. De plus la synthèse des polymères d'ARN et de protéines nécessite pour sa réalisation une activation initiale des monomères présents dans ces polymères : ribonucléotides pour ARN et acides aminés pour protéines. Dans les cellules l'activation des ribonucléotides déjà sous forme de ribonucléosides-monophosphates fait intervenir l'ATP pour produire des ribonucléosides-triphosphates. Il est improbable qu'une molécule comme l'ATP contenant une énergie incluse dans 2 liaisons pyrophosphate ait pu être présente dans une soupe primitive, ce qui paraît exclure la présence de polymères d'ARN dans cette soupe. Concernant les acides aminés il est possible que leur activation ait été réalisée par l'hydrogène sulfuré pour produire des thio-acides aminés, lesquels ont pu se lier entre eux par des liaisons amides. Cependant les peptides obtenus ne pouvaient être qu'aléatoires en l'absence de code génétique, lequel implique la présence d'ARN.

C-LA PRODUCTION D'ENERGIE CELLULAIRE

Certaines réactions des voies anaboliques (synthèse des biomolécules) ne peuvent se produire qu'en présence d'énergie (réactions endergoniques). Cette énergie est produite par des réactions productrices d'énergie (réactions exergoniques). Les réactions productrices d'énergie sont des réactions des voies cataboliques, essentiellement glycolyse, catabolisme des acides gras et cycle de Krebs.

Les réactions cataboliques productrices d'énergie sont des réactions chimiques au cours desquelles des atomes d'hydrogène sont prélevés à des métabolites. La production d'énergie de la cellule est directement liée à l'énergie contenue dans les électrons des atomes d'hydrogène.

L'atome d'hydrogène est le plus petit atome de l'Univers. Il est constitué d'un proton de charge positive H^+ et d'un seul électron de charge négative e-. L'association du proton H^+ à l'électron e- s'est produite peu de temps après le Big Bang. Toute l'énergie utilisable d'un atome d'hydrogène pour l'activité métabolique est concentrée dans son électron, mais le proton peut aussi intervenir pour produire une énergie. Cette énergie est donc électronique, mais cette énergie qui n'est pas chimique ne peut pas être directement utilisée dans des réactions anaboliques. L'énergie électronique, provenant de la dissociation de l'atome d'hydrogène en un proton et un électron, doit être convertie en une énergie chimique ; l'énergie de l'électron est transférée à une liaison chimique capable de la capter, puis de la transférer à un métabolite pour l'activer. Dans tous les cas la liaison chimique qui capte l'énergie électronique est la liaison anhydride qui unit entre elles deux molécules de phosphate inorganique H_3PO_4 ; la liaison anhydride entre 2 molécules de phosphate produit une molécule de pyrophosphate. La seule molécule sur laquelle va se réaliser cette liaison anhydride est une molécule d'adénosine diphosphate (ADP) qui est donc convertie en une molécule d'adénosine triphosphate (ATP).

Le mécanisme de production cellulaire d'énergie est décrit dans le chapitre Annexe.

Finalement l'énergie des atomes d'hydrogène est transmise, via la membrane de la cellule, à une molécule, l'ATP, à la suite d'une réaction catabolique. L'ATP peut alors transférer l'énergie qu'il a récupérée à une réaction anabolique en étant converti en ADP. L'ADP pourra alors servir à récupérer de nouveau l'énergie d'autres atomes d'hydrogène. Cette rotation nécessite impérativement qu'un équilibre demeure entre le nombre de molécules d'ADP et d'ATP dans une cellule. L'ATP est donc un transporteur d'énergie à l'intérieur d'une cellule. Il est le seul transporteur d'énergie dans toute la biosphère et il ne peut être exporté hors de la cellule.

On constate finalement que la production d'énergie de la cellule est directement liée à l'énergie contenue dans les électrons des atomes d'hydrogène. Cette constatation entraîne 2 remarques très importantes concernant la circulation de ces électrons à l'intérieur de la cellule vivante et la nécessité de ne pas laisser ces électrons à l'état libre dans la cellule.

- La première remarque est relative à la conservation de cette énergie des électrons. En effet des électrons riches en énergie à l'état libre perdent leur énergie qui est convertie en énergie calorifique. Ils perdent ainsi leur potentiel énergétique qui ne peut plus servir à la production d'énergie chimique sous forme d'ATP. Pour éviter cette perte d'énergie, les électrons sont captés par des accepteurs d'électrons dont le principal composé est le Nicotinamide Adénine Dinucléotide ou NAD. Cette molécule est associée aux oxydases qui interviennent dans l'extraction des atomes d'hydrogène des biomolécules énergétiques (glucose et acides gras).

- La seconde remarque concerne la libération de l'énergie des électrons après captation par le NAD. Si l'énergie de l'électron est libérée trop rapidement, une partie de cette énergie sera perdue et le rendement en énergie chimique en est amoindri. La libération de l'énergie de l'électron se fait en 3 étapes ; au cours de chaque étape la fraction d'énergie libérée est utilisée pour transférer un proton H^+ initialement lié à son électron vers la face externe de la membrane. Ces protons qui s'accumulent d'un côté de la membrane serviront à activer l'ATP synthase, un complexe de protéines inséré dans la membrane. L'ATP synthase convertit l'ADP en ATP selon un mécanisme décrit dans le chapitre figurant dans l'annexe. La libération progressive de l'énergie de l'électron est associée à une chaîne d'oxydo-réduction appelée chaîne respiratoire dont les principales molécules sont des cytochromes, complexes moléculaires contenant un atome de fer qui peut passer de l'état réduit (fer ferreux Fe^{++}) à l'état oxydé (fer ferrique Fe^{+++}) lors du transfert de chaque électron.

La chaîne respiratoire est associée à la membrane plasmique chez les bactéries, donc en périphérie de la cellule, alors que l'extraction des électrons par les oxydases s'opère à l'intérieur de la cellule dans le cytoplasme. Il n'en est pas de même chez les végétaux et les animaux, car l'extraction des électrons et la chaîne respiratoire sont présentes au sein d'organites internes de la cellule : chloroplastes pour les végétaux et mitochondries pour les animaux.

Nous venons de voir toute la stratégie de la cellule destinée à éviter une circulation non maîtrisée des électrons dans le cas de la production d'énergie par la respiration. Au cours de la respiration les électrons qui ont délivré leur énergie sont toujours présents dans la cellule ; s'ils ont perdu leur énergie, ils ont conservé leur pouvoir oxydant. Ce pouvoir oxydant doit être neutralisé car les électrons libres peuvent se lier à des biomolécules portant des groupements électrophiles et inhiber leur activité, ce qui est le cas des protéines et de l'ADN. La neutralisation de ces électrons est assurée par une molécule oxydée électrophile qui n'est autre que la molécule d'oxygène O_2. Les électrons en se liant à la molécule d'oxygène la convertissent en 2 atomes d'oxygène porteurs chacun d'un électron 0^-. Ces ions 0^- doivent à leur tour être neutralisés par liaison pour chacun d'entre eux avec 2 protons H^+ qui ont pénétré à l'intérieur de la cellule par l'ATP synthase. Le résultat est la production d'eau H_2O selon la réaction :

$$2O^- + 4H^+ \text{-->} 2\,H_2O$$

Durant les 2 milliards d'années qui ont suivi l'apparition des premières cellules, en l'absence d'oxygène, la neutralisation des électrons était assurée par d'autres capteurs d'électrons inorganiques (nitrate, sulfate).

D- LA CATALYSE DES REACTIONS BIOLOGIQUES

Dans les cellules de toutes les espèces vivantes, la catalyse des réactions métaboliques est assurée par des protéines spécifiques à chacune des réactions ; ces protéines catalytiques sont appelées enzymes. Ces enzymes comme toutes les protéines sont synthétisées à partir d'une information contenue dans des gènes présents sur l'ADN de chaque cellule.

Un certain nombre de scientifiques s'accordent à émettre l'hypothèse qu'aux origines de la vie la catalyse pouvait être une autocatalyse dans les réactions métaboliques. Une réaction chimique autocatalytique est une réaction chimique dont le catalyseur figure parmi les produits de cette réaction. En d'autres termes l'autocatalyse est un ensemble de réactions chimiques capable de produire ses catalyseurs.

Dans la soupe primitive on admet que la catalyse a pu être hétérogène en ce sens que le catalyseur était solide, donc dans une phase différente de la phase liquide dans laquelle sont solubilisées les molécules organiques entrant en réaction. Les zéolithes d'origine volcanique, formées d'un squelette d'aluminosilicate ont pu constituer d'excellents autocatalyseurs. A titre d'information les catalyseurs des voitures sont des zéolithes, composés minéraux de synthèse proches de l'argile et à structure microporeuse. Mais il est aussi probable que des sulfures et oxydes métalliques comme des oxydes de fer, de nickel et de cuivre d'origine volcanique, qui étaient très abondants dans les océans et solubles dans l'eau, ont été d'excellents catalyseurs en phase homogène

Les molécules qui entraient en réaction étaient très dispersées dans l'eau des océans ; afin de les rapprocher il est probable que la pyrite, une roche poreuse du fond des océans constituée de sulfure de fer, a permis de les fixer pour leur permettre de réagir en étant en concentration plus importante pour favoriser leurs interactions. Un même catalyseur d'origine organique peut intervenir dans toute réaction chimique du même type ; par exemple le cuivre est un catalyseur des réactions de déshydrogénation des aldéhydes et des cétones ; donc sa spécificité est assez large. Des scientifiques formulent l'hypothèse que l'ARN, premier porteur de l'information génétique, a permis la synthèse des premières protéines au contact de la pyrite. La pyrite aurait ainsi favorisé la synthèse d'une protéine comme le fut par la suite le ribosome dans la cellule.

Dans les cellules vivantes les catalyseurs inorganiques ont été remplacés par des biocatalyseurs, car ils présentaient des propriétés plus intéressantes pour la cellule. Les premiers biocatalyseurs étaient probablement des ARN comme nous le verrons dans le chapitre consacré aux molécules informatives (ARN et ADN) ; puis des protéines catalytiques (enzymes) ont pris le relais. Par rapport à un catalyseur comme le fer, le nickel et le cuivre et pour une même réaction biochimique une enzyme produit une plus grande accélération de la vitesse de la réaction, car elle offre aux métabolites entrant en réaction une plus grande surface pour les réunir au sein de sa structure ; l'enzyme a ainsi remplacé la pyrite présente dans le milieu extracellulaire. Des enzymes possèdent encore au sein de leur structure des ions métalliques, vestiges probables d'un passé très lointain ; ainsi l'enzyme à lui seul remplace et la pyrite et le catalyseur inorganique.

Lorsqu'on compare les courbes d'activité des autocatalyseurs et des enzymes, la catalyse enzymatique présente un avantage majeur, en ce sens que la vitesse de réaction en fonction du temps suit une courbe hyperbolique, avec une forte accélération en début de réaction avant d'atteindre un plateau par saturation de l'enzyme. La vitesse de réaction en fonction du temps dans l'autocatalyse suit une courbe sigmoïde. La vitesse est très lente en début de réaction chimique en raison de la faible quantité de l'autocatalyseur, puisque l'autocatalyseur est un des produits de la réaction chimique, puis la vitesse s'accélère par la suite. Une vitesse de réaction rapide est importante pour un métabolisme actif.

L'autre propriété importante de l'enzyme est sa spécificité plus étroite vis à vis des molécules entrant en réaction. L'avantage est considérable pour une cellule vivante où siègent des régulations permettant de s'adapter aux modifications du milieu cellulaire et de l'environnement. En effet la régulation ne s'adressera par exemple qu'à une enzyme qui catalyse la première réaction ou la dernière réaction d'une chaîne de réactions métaboliques sans obligation de réguler toutes les réactions de cette chaîne métabolique, sachant que dans une chaîne métabolique n'intervient pas qu'un type de réaction, mais plusieurs types de réactions différentes. De plus dans un organisme pluricellulaire deux protéines possédant une même activité enzymatique peuvent être régulées différemment dans des cellules appartenant à des tissus cellulaires ou organes différents ; cette propriété tient au fait que ces protéines proviennent d'un même gène qui, par maturation post-transcriptionnelle, peut aboutir à 2 ARN messagers différents. Les 2 protéines différentes possèdent une même activité enzymatique, mais des protéines régulatrices différentes agissent sur leur activité catalytique. Un biocatalyseur enzymatique est donc beaucoup plus spécifique qu'un catalyseur d'origine inorganique.

E- CONCLUSION

Le métabolisme a pour finalité de produire à l'intérieur d'une cellule les 4 types de biomolécules du monde vivant. Cette production est assurée par des chaînes de réactions chimiques constituées de nombreux métabolites et initiées par des métabolites formés de chaînons de 2 à 4 atomes de carbone. Ce versant du métabolisme est appelé anabolisme. Au cours de cet anabolisme les métabolites sont progressivement réduits, donc enrichis en atomes d'hydrogène. Cependant pour produire les biomolécules un apport d'énergie chimique est nécessaire à l'anabolisme. Cette énergie provient de l'oxydation de 2 catégories de biomolécules, les glucides et les acides gras (lipides), oxydation au cours de laquelle ils cèdent leurs atomes d'hydrogène, les pourvoyeurs d'énergie cellulaire. Ce versant du métabolisme est appelé catabolisme. Le second intérêt du catabolisme est la fourniture de métabolites de petite taille à l'anabolisme pour assurer le renouvellement des biomolécules dans la cellule.

La finalité ultime du métabolisme cellulaire est d'assurer la croissance cellulaire, une condition indispensable à la reproduction. La reproduction représente la capacité d'une cellule à se diviser. La division cellulaire est indissociable de la capacité d'une cellule à produire une quantité suffisante de biomolécules afin de les répartir dans les 2 cellules issues de la division. Il n'y a aucune exception à cette condition. Ainsi tout organisme ou toute cellule dont le métabolisme est dans l'incapacité de synthétiser les biomolécules nécessaires à sa croissance est voué à une disparition. Ce phénomène est la cause des diverses extinctions d'espèces qui ont eu lieu depuis l'apparition des premières espèces vivantes. Dans certains cas une espèce vivante peut ralentir son métabolisme soit par formation de spores, soit par hibernation pour quelques animaux ; durant cette période la reproduction est interrompue.

CHAPITRE III
LA MEMBRANE PLASMIQUE

I - INTRODUCTION

La membrane qui délimite les extrémités d'une cellule est appelée « membrane plasmique », appellation simplifiée de membrane cytoplasmique. Dans sa structure la plus simple, la membrane résulte de l'association de 2 classes de biomolécules : lipides et protéines. Les lipides qui appartiennent à la catégorie des phospholipides constituent la structure de base ; les protéines s'insèrent entre les phospholipides pour former des pores.

Les membranes des cellules présentent des propriétés communes qui sont très probablement apparues aux origines de la vie.

La membrane délimite 2 milieux aqueux dans lesquels le solvant est uniquement l'eau. Or la membrane possède une structure dont le cœur est formé de molécules insolubles dans l'eau, dites hydrophobes, qui font barrage aux molécules hydrophiles, solubles dans l'eau. Les seules molécules capables de traverser le cœur de la membrane sont des molécules gazeuses dont le dioxyde de carbone CO_2, l'ammoniac NH_3 mais également de petites molécules hydrophiles sans charge comme l'eau H_2O, le glycérol ou l'éthanol. Dans les espèces connues à ce jour le passage de molécules hydrophiles (glucose, acides aminés) se réalise par la présence de protéines insérées dans le cœur de la membrane. En revanche des petites molécules hydrophobes peuvent traverser le cœur de la membrane sans interaction avec des protéines.

Parmi toutes les molécules présentes dans le milieu extracellulaire, la membrane a pour fonction de ne permettre que le passage de molécules utiles à l'activité de la cellule. La membrane est donc sélective.

II- LES LIPIDES MEMBRANAIRES

Toutes les membranes sont constituées de molécules de la classe des lipides, les phospholipides. La particularité d'un phospholipide, sans entrer dans des détails de structure, est de posséder, au sein de la même molécule, une partie hydrophobe et une partie hydrophile. Une telle molécule est dite amphiphile ou amphipathique.

Les principaux phospholipides, présents dans les cellules, sont les glycérophospholipides. Un glycérophospholipide est constitué de 2 acides gras (partie hydrophobe) lié à du glycérol-3-phosphate (partie hydrophile) excepté dans le règne des Archées où les acides gras sont remplacés par des structures terpéniques à fonction alcool. Les liaisons des acides gras avec le glycérol-3-phosphate sont des liaisons esters alors que les liaisons des terpènes à fonction alcool avec le glycérol-3-phosphate sont des liaisons éthers plus fortes.

Au sein d'une membrane ces phospholipides s'associent les uns avec les autres par des liaisons de faible énergie (liaisons de Van der Walls). Dans les règnes des Eubactéries et des Eucaryotes la membrane est composée de 2 couches de phospholipides ; les parties hydrophiles de chacune des 2 couches sont orientées pour l'une des couches vers le milieu extracellulaire et pour l'autre vers le milieu intracellulaire ; les parties hydrophobes de chaque couche se font face vers l'intérieur de la bicouche pour éviter tout contact avec les milieux aqueux intra et extracellulaires. Dans le règne des Archées la membrane est composée d'une seule couche de phospholipides avec 2 extrémités alcool liées au glycérol-3-phosphate. Les 2 types de structure forment des vésicules qui délimitent un compartiment interne aqueux.

La conséquence de cette structuration est une imperméabilité à la très grande majorité des molécules hydrophiles alors qu'elle est perméable à des molécules hydrophobes qui appartiennent exclusivement à la classe des lipides. La raison pour laquelle des molécules gazeuses solubles dans l'eau et de petites molécules hydrophiles peuvent traverser une telle membrane tient au fait que les 2 couches de phospholipides possèdent une mobilité latérale favorisant la diffusion de ces petites molécules. Cette mobilité latérale des phospholipides assimile la membrane à un fluide.

La fluidité d'une membrane est étroitement liée à sa composition en phospholipides. La présence dans les phospholipides d'acides gras dont toutes les liaisons entre les chaînons $-CH_2$ sont saturées réduit la fluidité de la membrane alors que la présence d'acides gras possédant des doubles liaisons entre chaînons $-CH_2$ dans leur structure (acides gras insaturés) entraîne une plus grande fluidité de la membrane. C'est ainsi que les poissons des mers froides possèdent des membranes à plus forte proportion en acides gras insaturés que les poissons des mers chaudes ; en effet l'augmentation de la fluidité de la membrane lui permet de s'opposer à la rigidité liée aux basses températures. Si on élève des poissons des mers chaudes à des températures plus froides de quelques degrés, la proportion des acides gras insaturés dans les membranes augmente. La fluidité d'une membrane dépend aussi de la longueur des acides gras de ses phospholipides ; en effet plus une chaîne carbonée a une taille élevée, plus les liaisons de faible énergie (liaisons de Van der Walls) entre 2 chaînes carbonées sont fortes et plus la fluidité diminue.

Aux origines de la vie la température au niveau des sources hydrothermales était voisine de 70°C selon l'estimation proposée par les scientifiques. L'étude de la composition des membranes d'archées thermophiles des sources chaudes, présentes de nos jours, a montré que leurs membranes ne comportaient qu'une monocouche de phospholipides d'une très grande longueur et non pas la bicouche de phospholipides présente dans les membranes des eubactéries et des eucaryotes. La partie hydrophobe des phospholipides des archées thermophiles est de grande longueur ; elle est constituée de chaînons isopréniques de 4 carbones et non pas de chaînons acétylés de 2 carbones de la partie hydrophobe des phospholipides des bicouches lipidiques. Une molécule isoprénique de grande longueur contient des doubles liaisons. De plus cette molécule isoprénique hydrophobe a la particularité de porter à chacune de ses extrémités une fonction alcool -CH_2OH. C'est par ces fonctions alcool aux 2 extrémités que chaque molécule isoprénique se lie à la fonction alcool du glycérol-phosphate en formant une liaison éther. Les acides gras des phospholipides des eubactéries et des eucaryotes portent à une de leur extrémité une fonction acide -COOH. Par cette fonction acide, l'acide gras se lie à une molécule de glycérol-phosphate par une liaison ester. La liaison éther est plus forte qu'une liaison ester, ce qui renforce la résistance des membranes vis-à-vis de la chaleur. Ainsi les molécules de phospholipides des archées thermophiles conservent leur caractère amphipathique avec une partie hydrophile à chacune de leur extrémité face aux milieux intracellulaire et extracellulaire aqueux.

La présence d'une monocouche membranaire en fait une structure proche d'une structure de micelle, avec toutefois la particularité d'avoir 2 extrémités hydrophiles et non pas une seule comme dans une micelle, ce qui s'apparente davantage à un liposome. Dans un milieu aqueux au-delà d'une concentration de 50 % en masse de phospholipides, les phospholipides adoptent une structure de micelle où la partie hydrophile de glycérol-phosphate est orientée vers le milieu aqueux extérieur et la partie hydrophobe d'acide gras des phospholipides est orientée vers l'intérieur pour éviter tout contact avec l'eau. C'est le cas des lipoprotéines circulant dans le sang qui transportent des molécules hydrophobes (esters de cholestérol et triglycérides). Pour qu'une micelle possède des phospholipides ayant une tête polaire de glycérol-phosphate orientée vers l'intérieur de la micelle, comme dans le cas des phospholipides des archées thermophiles, soit une micelle à structure inverse, il faut qu'elle se soit constituée dans un milieu de faible concentration en eau. Ces micelles à structure inverse se sont probablement formées sur des franges de nappes superficielles de sources hydrothermales avant d'acquérir une seconde tête de glycérol-phosphate en milieu plus hydraté. Cette éventualité accréditerait l'hypothèse émise par certains biologistes d'une origine de la vie qui aurait aussi débuté au niveau de nappes liquides de surface. Il est difficile, en l'absence de structures cellulaires fossiles datant des origines de la vie, d'affirmer que les membranes primitives étaient constituées d'une seule couche de phospholipides, mais la présence de tels phospholipides dans des cellules d'Archées, mais aussi d'Eubactéries thermophiles toujours présentes sur notre planète est un indice favorable. On ne peut cependant exclure que ces membranes à monocouche de phospholipides soient la conséquence d'une évolution adaptative au milieu environnant.

L'abaissement de la température des océans a certainement favorisé la structure des membranes en bicouche de phospholipides de taille plus réduite, à une seule extrémité glycérol-phosphate et non plus de monocouche de phospholipides de taille plus importante à 2 extrémités glycérol-phosphate.

Expérimentalement en laboratoire il est possible de produire par sonication (usage d'ultrasons) des vésicules constituées par une bicouche de phospholipides entourant un compartiment aqueux ; ces vésicules sont appelées des liposomes. Si au cours de la sonication on ajoute au mélange de phospholipides des protéines capables de s'insérer dans la bicouche lipidique, certaines de ces protéines seront insérées dans la bicouche de phospholipides. Si on admet, comme en font l'hypothèse une majorité de scientifiques, que les premières cellules sont apparues dans les profondeurs des océans au contact des cheminées volcaniques dans des conditions hydrothermales, il est possible, comme proposé par certains chercheurs, que la température et le bouillonnement liés à l'émission de gaz par le volcanisme aient créé des conditions favorables, comme la sonication, à la formation de liposomes. En effet les phospholipides auraient pu orienter leur partie hydrophobe au contact des bulles de gaz tandis que leur partie hydrophile demeurait au contact de l'eau. Cette hypothèse est basée sur le postulat que la majorité des phospholipides présents dans les membranes des organismes connus sont insolubles dans l'eau.

Une des conditions essentielles à la formation de liposomes repose sur une concentration suffisante de phospholipides dans le milieu ; cette concentration est appelée concentration micellaire critique (CMC). Cette condition n'était pas évidente en raison de la possible diffusion des molécules dans le grand volume d'eau des océans ; cette dilution est aussi valable pour toutes les molécules présentes dans la soupe primitive. La formulation de soupe tient effectivement compte de cette dilution pour préciser que le milieu contenant les molécules prébiotiques devait être concentré pour que les réactions entre molécules puissent avoir lieu. Pour les scientifiques seule la présence de niches pouvait faciliter cette concentration indispensable à la synthèse des molécules ; plusieurs d'entre eux évoquent des roches volcaniques alvéolées de sulfure de fer (pyrite) ou des feuillets argileux.

La formation de telles vésicules a-t-elle pu se réaliser aux origines de la vie à partir de la soupe primitive prébiotique, sachant qu'un phospholipide n'est pas soluble dans l'eau dès que sa partie hydrophobe possède plus de 10 chaînons carbonés. En effet lorsqu'on mélange à un volume d'eau des phospholipides, les molécules de phospholipides vont se déplacer à l'interface eau – air de sorte que la partie hydrophile de la molécule de phospholipide soit au contact de l'eau tandis que la partie hydrophobe est au contact de l'air. Ce même phénomène peut s'observer avec un mélange huile–eau, car l'huile est constituée d'acides gras liés à du glycérol.

Dans toutes les cellules vivantes il est bien établi que la synthèse des phospholipides se réalise dans le milieu intracellulaire et non pas dans le milieu extracellulaire ; ces phospholipides étant insolubles dans l'eau, leur synthèse ne peut s'effectuer qu'au contact d'une surface cellulaire de nature hydrophobe, la membrane plasmique. La synthèse des phospholipides se réalise à partir de plus petites molécules, solubles dans le milieu intracellulaire qui est le cytosol de la cellule. Dans les cellules de la majorité des espèces ces petites molécules sont des molécules d'acétylcoenzyme A (CH_3-CO-S-CoA). Comme la membrane est formée de 2 monocouches de phospholipides en structure inversée, l'une des 2 monocouches fait face au milieu extracellulaire et l'autre au milieu intracellulaire. Au cours de leur synthèse les phospholipides s'insèrent dans la monocouche qui fait face au milieu intracellulaire. Le transfert de phospholipides d'une monocouche à l'autre se heurte à une barrière énergétique, car la tête polaire glycérol-phosphate des phospholipides ne peut pas traverser de manière spontanée le cœur hydrophobe de la bicouche de phospholipides. Donc c'est la monocouche qui fait face au milieu intracellulaire qui va fournir les phospholipides à la monocouche qui fait face au milieu extracellulaire. Le transfert, appelé flip-flop, nécessite l'intervention de protéines de transfert. Il est vraisemblable qu'aux origines de la vie la synthèse des phospholipides s'est réalisée au contact de la soupe primitive et en l'absence de protéines de transfert, ce qui pourrait accréditer l'hypothèse émise précédemment que les membranes primitives étaient des liposomes constitués d'une monocouche de phospholipides de grande taille, encore présentes dans des archées thermophiles.

Une hypothèse selon laquelle un pétrole abiotique se serait constitué en profondeur de la croûte terrestre a été proposée. Ce pétrole aurait contenu des molécules organiques d'hydrocarbures composées de terpènes, molécules insaturées formées de chaînons carbonés $-CH_2$ et de la taille de la partie hydrophobe des phospholipides retrouvés chez les archées thermophiles. Ces molécules de la phase pétrole huileuse au contact de la phase aqueuse auraient produit des phospholipides en se liant à des molécules de glycérol-phosphate.

Aux origines de la vie, un grand nombre de scientifiques admet que l'ensemble des molécules organiques (acides aminés, sucres, glycérol, etc..) étaient présentes dans une soupe primitive prébiotique concentrée en ces molécules. Au contact de la soupe prébiotique se sont probablement constitué les premières ébauches de membranes qui ont délimité des espaces clos. Lorsque la monocouche lipidique s'est constituée pour délimiter un espace clos, il est probable que des molécules organiques et inorganiques de la soupe primitive aient été séquestrées dans l'espace clos.

III- LES PROTEINES MEMBRANAIRES

Partons de l'hypothèse que les premiers organismes apparus dans un milieu hydrothermal, où la température était voisine de 70 °C, étaient des organismes unicellulaires thermophiles, les seuls adaptés à ces températures. Ces organismes unicellulaires thermophiles (Archées) sont connus pour posséder des membranes rigides, donc peu fluides, où les phospholipides ont des vitesses de déplacement latéral lentes. Cette rigidité est une entrave à la diffusion de petites molécules de la soupe primitive vers l'espace clos délimité par la membrane. Pour faciliter leur diffusion, l'accès devait se réaliser par des pores. Ces pores ne pouvaient être constitués que de structures polymériques. Les seules biomolécules polymériques répondant à cette définition sont les protéines. Les protéines résultent de l'enchaînement d'acides aminés ; certains d'entre eux, les plus nombreux ne portent pas de charge (acides aminés neutres), alors que d'autres possèdent soit une charge négative (acides aminés acides), soit une charge positive (acides aminés basiques) **(voir Figure 1)**. Seuls les acides aminés chargés peuvent interagir avec des molécules hydrophiles diffusant à travers la membrane, alors que les acides aminés neutres peuvent interagir avec les phospholipides du cœur hydrophobe de la membrane.

La réalisation d'un pore nécessite la contribution d'une association de plusieurs protéines monomériques, identiques le plus souvent, pour former un canal par lequel transite la molécule qui diffuse à travers la membrane. Chaque monomère protéique est lui-même constitué de plusieurs segments transmembranaires. Enfin chaque segment transmembranaire porte des acides aminés neutres orientés vers la partie hydrophobe des phospholipides alors que les acides aminés à charge négative et positive sont orientés vers l'intérieur des pores, permettant ainsi des interactions avec l'ion ou la molécule hydrophile diffusant à travers les pores.

Pour leur insertion dans la bicouche lipidique la synthèse de ces complexes protéiques appelés porines ne pouvait se réaliser qu'au contact de la bicouche lipidique, car ces protéines de structure partiellement apolaire pourraient former des agrégats en milieu aqueux. Les porines sont retrouvées dans la membrane des bactéries, mais aussi des mitochondries et des chloroplastes, qui sont des organites eucaryotes (animaux et végétaux) dont l'origine est bactérienne. Une des porines les plus connues est l'aquaporine, découverte par Peter Agre (Prix Nobel 2003), et dont on dénombre de nos jours quelques 200 types tous organismes confondus. Chaque porine contient un nombre de segments transmembranaires variant de 8 à 22 ; chaque segment transmembranaire possède des acides aminés neutres interagissant avec les phospholipides de la bicouche lipidique et des acides aminés chargés orientés vers l'intérieur hydrophile du pore. Par les porines peuvent diffuser des sucres comme le glucose, les acides aminés et des ions. Chaque type de porine peut transporter sélectivement un seul type ou plusieurs types de molécules de structure voisine. Le grand avantage des porines est de fonctionner sans intervention d'énergie, la porine assurant le transfert de la molécule par diffusion facilitée selon le gradient de concentration de la molécule. Une molécule peut traverser la membrane par une porine, sans apport d'énergie, à condition que sa concentration soit plus élevée dans le milieu extracellulaire que dans le milieu intracellulaire. Il est probable qu'aux origines de la vie des molécules telles que du glycérol, du dioxyde de carbone CO_2, de l'ammoniac NH_3, mais aussi le glucose et des acides aminés étaient très concentrées dans des niches où leur dilution dans l'eau était réduite. En effet certaines molécules gazeuses étaient abondantes à proximité des sources hydrothermales ; des molécules hydrophiles tels que le glucose, le glycérol et les acides aminés d'origine terrestre et extraterrestre (météorites, comètes) l'étaient également.

La majorité des espèces vivantes sont aujourd'hui en capacité d'importer des biomolécules hydrophiles et des ions (protons H^+, sodium Na^+, potassium K^+, calcium Ca^{++}, magnésium Mg^{++} et chlore Cl^-) par l'intermédiaire de protéines transmembranaires insérées dans la bicouche de phospholipides qu'on appelle des transporteurs pour les molécules hydrophiles ou des canaux pour les ions.

Dans le fonctionnement cellulaire, tel qu'il se présente dans les espèces connues de nos jours, une protéine transmembranaire est synthétisée dans le milieu intracellulaire et s'insère dans la membrane à partir de ce même milieu. A l'opposé une protéine extracellulaire ne peut s'insérer dans une membrane que par un mécanisme de fusion membranaire si elle est déjà présente dans une autre membrane.

Aux origines de la vie est-il possible que des protéines se soient insérées dans les bicouches lipidiques présentes dans la soupe primitive, comme le suggèrent certains scientifiques. Dans toutes les cellules vivantes la synthèse des protéines fait intervenir des molécules d'ARN : ARN messager qui porte l'information pour l'ordre de succession des acides aminés dans la protéine, ARN ribosomiques pour réaliser les liaisons entre acides aminés et ARN de transfert pour amener les acides aminés au niveau des ribosomes (voir chapitre Annexe).

Certains scientifiques formulent l'hypothèse que des ARN portant un message ainsi que des acides aminés étaient présents dans la soupe primitive ; cette hypothèse postule que la synthèse des protéines aurait été réalisée par un précurseur d'un des ARN ribosomiques possédant une activité catalytique (ribozyme) lui permettant de lier les acides aminés successifs entre eux. La présence de structures polymériques tels qu'ARN et protéines dans la soupe primitive nous paraît improbable. En effet il n'est pas certain que la soupe primitive, même présente dans des niches argileuses, ait pu être un site de synthèse d'ARN et de protéines en dépit de la présence probable de leurs monomères (nucléotides et acides aminés). Une synthèse fidèle de protéines nécessite la présence de messages reproductibles présents dans des ARN capables de se répliquer. Plus encore la réplication d'ARN à partir de monomères de nucléotides ne peut se réaliser que si ces nucléotides sont activés pour pouvoir se lier entre eux. La seule activation possible nécessite la liaison à chaque nucléotide d'une molécule de pyrophosphate, dont la présence dans une soupe primitive est controversée. Dans la cellule le fournisseur de pyrophosphate est l'ATP produit par le métabolisme cellulaire. Ainsi la production d'ATP au sein de la soupe primitive paraît improbable.

Le modèle de l'insertion de protéines membranaires dans la bicouche lipidique nous est fourni par le réticulum endoplasmique, organite intracellulaire présent dans la cellule eucaryote. La membrane du réticulum endoplasmique (RE) est une membrane présente à l'intérieur de la cellule au contact du cytosol. Le cytosol est le centre métabolique d'une cellule où se réalisent de nombreuses réactions cataboliques à l'origine des molécules de petite taille, molécules elles-mêmes à l'origine des réactions anaboliques productrices des biomolécules que sont les acides aminés (voir Chapitre Métabolisme). Comme la membrane plasmique, la membrane du RE est composée d'une bicouche lipidique dans laquelle sont insérées des protéines. Le RE est le site de synthèse de la grande majorité des protéines destinées à renouveler les protéines de la membrane plasmique des eucaryotes.

Lors de la synthèse d'une protéine qui s'insère dans la membrane du réticulum endoplasmique, un ribosome libre dans le cytosol se lie à un ARN messager présent dans ce même milieu et commence la lecture du message qu'il contient. La séquence initiale de l'ARN messager code le plus souvent pour un peptide d'une trentaine d'acides aminés appelé « peptide signal » ; ce peptide contient une séquence d'acides aminés neutres qui s'insèrent dans la membrane du RE en même temps que se poursuit la synthèse de la protéine au contact de la membrane du RE. Le peptide signal va rester inséré par cette séquence d'acides aminés neutres dans la membrane du réticulum endoplasmique et sera déplacé latéralement dans cette membrane pour permettre l'entrée de la protéine en voie de synthèse. Dans la protéine en voie de synthèse se trouvent d'autres séquences constituées d'un nombre suffisant d'acides aminés neutres pour s'intégrer dans la membrane du réticulum endoplasmique ; chacune de ces séquences constituera un segment transmembranaire protéique. Chaque segment transmembranaire possède des acides aminés neutres au contact des phospholipides et des acides aminés chargés orientés à l'opposé vers la lumière du pore.

Ce modèle, que nous venons de décrire, est complexe et n'aurait été possible qu'à la condition que soient présentes dans la soupe primitive des molécules d'ARN capables d'être traduites en protéines par l'intermédiaire d'autres ARN assurant la catalyse des liaisons entre acides aminés. D'autre part dans le modèle du réticulum endoplasmique envisagé précédemment, la présence d'une bicouche de phospholipides nécessite la création dans cette bicouche d'un canal transitoire, appelé « translocon » permettant la progression de la protéine en voie de synthèse à travers la bicouche de phospholipides ; en effet dans une bicouche de phospholipides, chaque couche a un déplacement latéral indépendant de l'autre couche. L'insertion des protéines dans la membrane primitive pourrait avoir été facilitée par la structure micellaire en monocouche de phospholipides présente chez les archées thermophiles. Dans une monocouche de phospholipides la protéine en voie de synthèse progressera sans nécessiter un canal transitoire.

Un autre modèle serait calqué sur le modèle de synthèse de peptides non ribosomiques. Ces peptides ne sont pas synthétisés par des ribosomes. Ils ne sont synthétisés que par des organismes bactériens, les premiers présents aux origines de la vie. Plusieurs d'entre eux sont des antibiotiques, dont le plus connu est la pénicilline, découverte par Fleming (Prix Nobel 1945). Le nom de peptides, et non de protéines, est donné à ces molécules, car le nombre d'acides aminés présents dans la molécule est toujours inférieur à 48. Dans ce modèle c'est une synthétase, mégastructure enzymatique à plusieurs domaines catalytiques qui active les acides aminés pour les lier entre eux sans intervention d'ADN, ni d'ARN. Certains de ces peptides peuvent se lier à des lipides pour s'insérer dans une membrane. Des peptides de longueur suffisante pour s'insérer dans une monocouche de lipides ont pu être synthétisés au contact des lipides. Leur association à proximité les uns des autres auraient pu former des pores plus ou moins sélectifs. Ce modèle est plus simple que le modèle précédent qui nécessitait la synthèse d'acides nucléiques à partir de nucléotides pour une information et pour sa traduction en protéines.

Il est permis de penser que ces 2 modèles n'ont pu fonctionner à partir d'une soupe primitive en raison de leur complexité.

Il n'est pas irréaliste de formuler l'hypothèse que des liposomes aient pu intégrer certaines des molécules indispensables à la formation d'une protocellule, puis fusionner jusqu'à aboutir par un processus de fusion-acquisition aux premières protocellules. Cette hypothèse est soutenue par le fait que des liposomes, mais aussi des membranes cellulaires peuvent fusionner entre elles en raison de la structure dynamique de leurs membranes. Comme décrit précédemment, les phospholipides se déplacent latéralement faisant de la monocouche ou bicouche de phospholipides une structure dynamique fluide. Cette fluidité est nécessaire aux flux de molécules traversant les membranes, mais aussi à la fusion entre 2 liposomes ou 2 membranes pour ne plus constituer qu'un seul liposome ou une seule cellule. De nos jours les liposomes sont synthétisés pour délivrer à des cellules cancéreuses des principes actifs après fusion avec la membrane de cellules cancéreuses ciblées. Ce ciblage vers une cellule cancéreuse nécessite l'insertion dans les liposomes d'une protéine en capacité d'être reconnue par une protéine membranaire de la cellule cancéreuse. De plus un liposome peut encapsuler un gène, si bien qu'il peut servir de véhicule pour une thérapie génique, mais l'efficacité semble limitée par des problèmes de ciblage du noyau de la cellule et le temps limité d'action du gène.

CHAPITRE IV
L'INFORMATION GENETIQUE

I-INTRODUCTION

Tout organisme vivant ne naît pas par génération spontanée comme l'avait démontré Pasteur, il y a plus d'un siècle. Il y a donc filiation à partir d'un organisme parental. La notion d'information génétique implique que les générations successives issues d'un organisme parental transmettent une information pérenne d'une génération à l'autre.

Dans le chapitre consacré au métabolisme, nous avons fait le constat que tous les organismes vivants produisent les mêmes biomolécules. D'autre part la très grande majorité des espèces vivantes produisent leur énergie par le processus de respiration en utilisant une chaîne d'oxydo-réduction couplée à une production d'une seule et unique molécule énergétique, l'ATP par un mécanisme de phosphorylation oxydative. Ce constat signifie que toutes les cellules vivantes partagent une même organisation fondamentale de l'activité cellulaire et donc une information qui leur est commune. Cette information provient donc d'une molécule ou d'un ensemble de molécules présentes dans toute cellule vivante.

Le terme information, qui dans le langage courant est défini comme un renseignement porté à la connaissance d'une ou plusieurs personnes, doit être compris, en référence à la théorie mathématique de l'information (1949), comme un élément ou système transmis par un signal ou une combinaison de signaux (message) appartenant à une structure commune.

Pour qu'il y ait message il faut un langage ; un langage est constitué de signes. Un langage ne peut pas être constitué d'un seul signe, mais d'une combinaison de signes. Ainsi les 26 lettres de notre alphabet sont des signes qui permettent de construire un langage formé de milliers de mots. Les 7 notes de musique sont des signes plus universels qui permettent de produire des milliers de partitions musicales. L'information s'inscrit dans une suite de mots composés de lettres ou dans une suite de notes pour constituer une partition musicale. En biologie le langage est constitué de molécules bien définies. Il est nécessaire que ce langage soit formé à partir de plusieurs molécules différentes et apparentées qu'on appelle des monomères qui constituent les éléments du langage capables de se lier entre eux pour former un biopolymère. La permanence des caractères de chaque espèce au cours des générations successives est en lien direct avec l'information contenue dans le biopolymère.

II - SUPPORT DE L'INFORMATION

Un organisme vivant ne contient que 3 types de biopolymères : le glycogène présent exclusivement dans le règne animal et l'amidon, son équivalent dans le règne végétal, sont spécifiques du type cellulaire eucaryote. Les 2 autres biopolymères : les acides nucléiques et les protéines sont présents dans les 3 types cellulaires (Archées, Eubactéries et Eucaryotes). Glycogène et amidon ne sont constitués que d'un seul monomère, le glucose, ce qui les exclut de la possibilité de constituer un langage commun à toutes les espèces. Les acides nucléiques (ADN et ARN) contiennent 4 monomères différents constitués des nucléotides A, G, C et T (ADN) ou U qui remplace T (ARN) et les protéines contiennent 20 monomères différents (acides aminés) **(voir Figure 1)**. Ils pourraient donc être porteurs de messages, étant de plus présents dans tous les types cellulaires. A priori on peut penser qu'une information constituée du plus grand nombre de monomères pourrait offrir une plus grande diversité de séquences informatives. Les protéines seraient donc de meilleurs candidats que les acides nucléiques.

Le biopolymère contenant l'information transmise à la descendance doit être une réplique la plus fidèle possible du biopolymère parental. Le mode de transmission consiste donc à générer dans la cellule parentale une ou plusieurs répliques du ou des biopolymères présents dans cette cellule. Les protéines ne peuvent pas se répliquer, alors que les acides nucléiques ARN et ADN en ont la possibilité, car les 4 monomères qui les composent sont complémentaires 2 à 2, le monomère A est complémentaire du monomère T (ADN) ou U (ARN) et le monomère G est complémentaire du monomère C. Cette complémentarité signifie que A reconnaîtra T (ADN) ou U (ARN) et peut se lier à lui et inversement ; il en est de même pour G et C.

Dans le cas de l'ADN, dont la structure est composée de 2 chaînes complémentaires (bicaténaire), la réplication se déroule en une seule étape. En effet les 2 chaînes se séparent et à partir de chacune des 2 chaînes se forme une chaîne complémentaire. Ainsi à partir d'une molécule bicaténaire d'ADN parental on obtient 2 molécules bicaténaires d'ADN, qui sont identiques à l'ADN bicaténaire parental (**Figure 4**). Donc une cellule parentale, après la division de la cellule, donne 2 cellules filles identiques à la cellule parentale. Chaque réplication de l'ADN précède la division de la cellule ; il n'y a qu'un cycle de réplication, donc uniquement un exemplaire d'ADN par cellule. Ce type de réplication est universel et concerne toutes les cellules vivantes.

L'ARN est composé d'une seule chaîne (monocaténaire). Sa réplication produit une chaîne d'ARN monocaténaire qui lui est complémentaire, donc cette réplique n'est pas identique à la chaîne d'ARN parentale. Pour obtenir une chaîne d'ARN identique à la chaîne d'ARN parentale, il faut réaliser une seconde réplication à partir de la chaîne complémentaire de la chaîne parentale (**Figure 4**). Ce mode de réplication en 2 étapes ne concerne aujourd'hui que les virus à ARN monocaténaire (covid, grippe, rougeole, etc…) lorsqu'ils pénètrent dans des cellules ; dans le cas des virus, la réplication d'une molécule d'ARN viral produit un grand nombre de répliques d'ARN contrairement à la réplication de l'ADN qui ne produit que 2 molécules d'ADN.

La contribution la plus importante à l'apparition de la vie a très probablement été la synthèse des 4 nucléotides A, G, C et U présents dans l'ARN. Contrairement aux acides aminés qui sont des molécules simples, les nucléotides sont des molécules complexes résultant d'un assemblage d'une molécule cyclique riche en azote (base azotée), d'une molécule non azotée (ribose) et d'une molécule inorganique (phosphate). Ribose et phosphate sont communs aux 4 nucléotides qui diffèrent les uns des autres par leur base azotée. Les bases azotées Adénine (A) et Guanine (G) sont apparentées et contiennent une base purique faite de l'association de 2 cycles azotés alors que les bases Cytosine (C) et Uracile (U) sont apparentées et contiennent une base pyrimidique à un seul cycle azoté (**voir Figure 1**).

Une synthèse en milieu abiotique des bases azotées était concevable pour les bases puriques à partir de molécules d'acide cyanhydrique HCN présentes dans la soupe primitive, mais la voie de synthèse chimique des bases pyrimidiques était inexpliquée. En 2009 la synthèse des nucléotides pyrimidiques C et U a été obtenue à partir d'un précurseur commun au ribose et à la base pyrimidique, le 2-aminooxazol, obtenu lui-même à partir de plusieurs composés dérivés de l'acide cyanhydrique. Ce n'est que tout récemment en 2019 qu'une équipe de chercheurs est parvenue à synthétiser les 4 nucléotides dans les conditions prévalant aux origines de la vie.

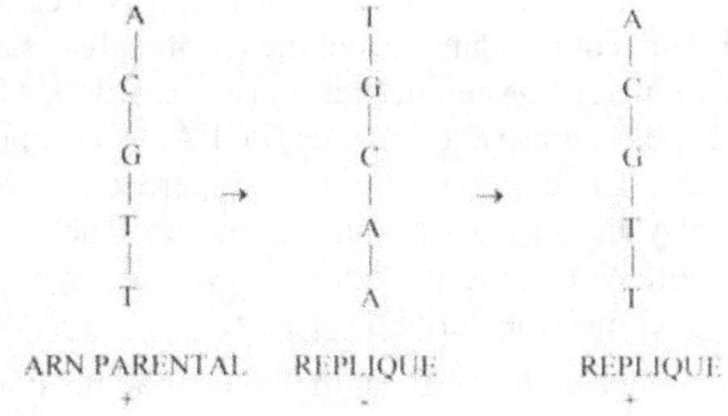

REPLICATION DE L'ARN MONOCATENAIRE

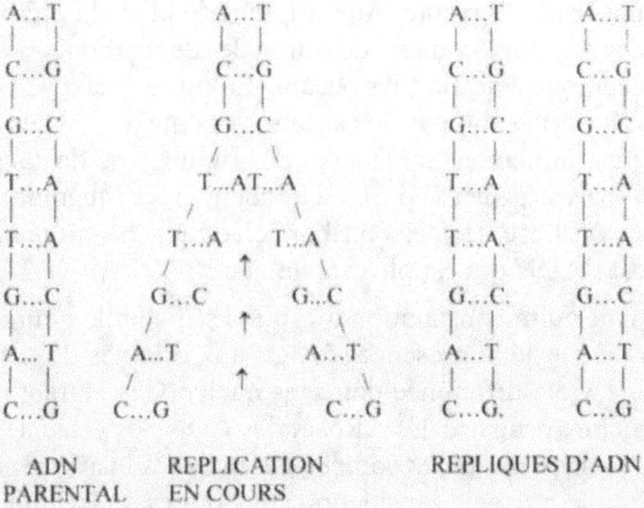

REPLICATION DE L'ADN BICATENAIRE

<u>FIGURE 4</u> MECANISMES DE REPLICATION

Une fois synthétisés les ribonucléotides devaient se lier entre eux pour produire des molécules d'ARN. Les liaisons entre ribonucléotides dans les cellules sont réalisées par une enzyme de nature protéique qui dans le cas de l'ARN est une ARN polymérase et dans le cas de l'ADN est une ADN polymérase. Cette polymérisation s'opère en ayant une matrice d'ADN ou d'ARN qui détermine l'enchaînement des nucléotides dans le polymère en voie de synthèse en utilisant la complémentarité des bases.

Aux origines de la vie il est maintenant admis que le 1er acide nucléique synthétisé était de l'ARN et non pas de l'ADN. L'ADN est devenu par la suite au niveau cellulaire le seul acide nucléique détenteur des caractères héréditaires d'une espèce vivante. Aux origines de la vie la présence en quantités importantes de dioxyde de carbone d'origine volcanique acidifiait les océans. En milieu acide l'ARN est stable et ne subit pas de cassure alors que l'ADN en milieu même faiblement acide subit des ruptures de liaisons entre les bases azotées puriques (adénine et guanine) et le désoxyribose des désoxyribonucléotides. En milieu alcalin c'est l'ADN qui est plus stable que l'ARN.

Une autre constatation d'origine structurale pourrait être en faveur de la présence d'ARN aux origines de la vie. La seule vraie différence entre les nucléotides entrant dans la structure primaire des ARN et des ADN ne porte pas sur les bases azotées qui les composent, mais exclusivement sur le pentose présent dans leurs nucléotides respectifs. Dans l'ARN le pentose est le ribose alors que dans l'ADN il s'agit du désoxyribose, ribose ayant perdu une fonction alcool. Les désoxyribonucléotides de l'ADN sont synthétisés à partir de ribonucléotides de l'ARN dans toutes les cellules, ce qui laisse à penser que les ribonucléotides ont été présents avant les désoxyribonucléotides.

Pour justifier la présence exclusive d'ARN comme molécule informative, la majorité des scientifiques émettent l'hypothèse vraisemblable que le premier acide nucléique synthétisé devait avoir une capacité d'autocatalyse. Le catalyseur est une molécule permettant l'accélération de la vitesse d'une réaction organique et fait intervenir un atome ou une molécule qui facilite la réaction en se liant temporairement aux molécules entrant en réaction. Dans l'autocatalyse cette molécule est absente et c'est le produit C de la réaction entre 2 molécules A et B qui assure la catalyse.

$$A + B \rightarrow C$$

Ainsi dans le cas de la synthèse de la molécule d'ARN les liaisons entre ribonucléotides sont facilitées par le polymère d'ARN en voie de synthèse. Ainsi l'ARN assure sa propre réplication en produisant un ARN identique à l'ARN parental à partir des ribonucléotides A, G, C et U présents dans le milieu réactionnel. Cette action nécessite que le positionnement des ribonucléotides ne soit pas aléatoire d'une part et que d'autre part les liaisons entre nucléotides puissent se réaliser sans intervention d'une autre molécule. La sélection des ribonucléotides peut avoir lieu en raison de la double complémentarité des bases A-U et G-C à condition que la réaction ne soit pas trop rapide pour éviter les erreurs d'appariement, car U pourrait se lier à G.

L'autocatalyse était donc possible dans les conditions thermiques régnant aux origines de la vie, mais il était peu probable qu'elle puisse se produire dans le milieu tridimensionnel constitué par l'eau. Certains scientifiques pensent que l'autocatalyse a pu se produire au niveau d'un solide bidimensionnel poreux comme l'argile ou la pyrite rassemblant à proximité l'ARN et les ribonucléotides avant l'apparition de la vie. Cette hypothèse serait possible si les ribonucléosides monophosphates (AMP, GMP, CMP et UMP) présents dans la soupe primitive étaient activés en ribonucléosides triphosphates (ATP, GTP, CTP et UTP).

Dans toutes les cellules cette activation ne peut se réaliser qu'en présence d'ATP, lui-même produit par le métabolisme cellulaire à partir de l'ADP et non pas de l'AMP. La présence d'ATP dans la soupe primitive est fortement controversée. De nos jours il ne reste plus trace de cette autocatalyse dans le cas de la réplication. En effet la réplication d'ARN concerne exclusivement les virus à ARN qui ne sont pas des cellules. Les virus à ARN sont capables de répliquer leur ARN en milieu cellulaire en présence d'une enzyme comme catalyseur, enzyme qui leur est spécifique et dont l'information figure dans leur ARN. Cette enzyme appelée ARN polymérase ARN dépendante est totalement absente de toutes les cellules des espèces vivantes connues à ce jour. Un virus ne possède qu'une seule molécule d'acide nucléique. Il est vraisemblable que les premiers acides nucléiques présents aux origines de la vie étaient des ARN monocaténaires.

Dans l'hypothèse probable que les premières cellules contenaient uniquement de l'ARN monocaténaire, il est possible que chaque molécule d'ARN présente dans une cellule parentale ait pu produire plusieurs répliques d'ARN comme dans le cas des virus à ARN.

Chaque espèce contient donc une information qui lui est spécifique et qui diffère d'une espèce à l'autre. Cette différence se traduit généralement par une composition en nucléotides d'ADN différente qui peut être exprimée par un rapport entre bases complémentaires : A+T/G+C. On sait, par l'exemple des virus à ARN, que la réplication des ARN monocaténaires, qui nécessite une double réplication, produit des erreurs dans la complémentarité des nucléotides, ce qui se traduit par des mutations sur la séquence des ARN. Selon la mutation la cellule peut perdre ou acquérir une nouvelle fonction. Aux origines de la vie l'information étant portée par des ARN, il est possible que ces erreurs aient pu jouer un rôle dans la génération de nouvelles espèces, bien que le mécanisme le plus probable ait été la génération de nouvelles molécules d'ARN. L'avènement de l'ADN dont la réplication ne nécessite qu'une seule étape a été plus favorable à la stabilité de l'information d'autant que les mauvais appariements de nucléotides durant le processus de réplication de l'ADN et même en dehors du mécanisme de réplication sont très bien corrigés.

Tous les organismes unicellulaires bactériens (Archées et Eubactéries) ne contiennent qu'une seule molécule d'ADN par cellule à laquelle on donne le nom de chromosome, bien que l'ADN ne soit généralement pas associé à des protéines. La présence d'un seul exemplaire d'ADN confère aux cellules bactériennes l'appellation de cellules haploïdes. Cet ADN est généralement circulaire et se trouve à l'état libre dans le cytoplasme de la cellule. Les bactéries dont l'ADN est libre dans le cytoplasme sont des procaryotes (karyon, terme grec pour noyau). La cellule eucaryote possède plusieurs chromosomes ; chacun est composé d'une molécule d'ADN linéaire associée à des protéines appelées histones. Chaque chromosome possède un chromosome homologue formant ainsi une paire ; un des 2 chromosomes est fourni par la cellule parentale femelle et l'autre par la cellule parentale mâle. Les cellules eucaryotes sont donc des cellules diploïdes. Ces chromosomes sont présents au sein d'une structure entourée d'une double membrane qu'on appelle le noyau de la cellule, qui est le lieu du mécanisme de réplication. Du fait de la présence d'un noyau, la cellule est dite eucaryote.

III - CONSERVATION DE L'INFORMATION

C'est par la réplication de chacun des ADN des chromosomes d'une cellule parentale que débute chaque division cellulaire qui va donner naissance à 2 cellules filles contenant chacune un même lot de chromosomes contenant des ADN identiques. Ce processus de réplication est appelé mitose et la division qui en résulte reproduction asexuée **(Figure 5).** Par la reproduction asexuée, la cellule parentale duplique la molécule d'ADN, puis la cellule se divise en deux cellules identiques avec répartition égale des répliques dans chacune des cellules, ainsi qu'une répartition équitable de tous les autres constituants de la cellule. La division se réalise par une fission qu'on nomme scissiparité. C'est de cette manière que se produisent toutes les divisions cellulaires intervenant chez les organismes unicellulaires du règne bactérien. Dans les organismes pluricellulaires des règnes végétal et animal, les divisions des cellules qui se succèdent à partir de la première cellule appelée ovocyte se font par mitose. Seule la formation des gamètes se réalise par un autre type de division appelé méiose.

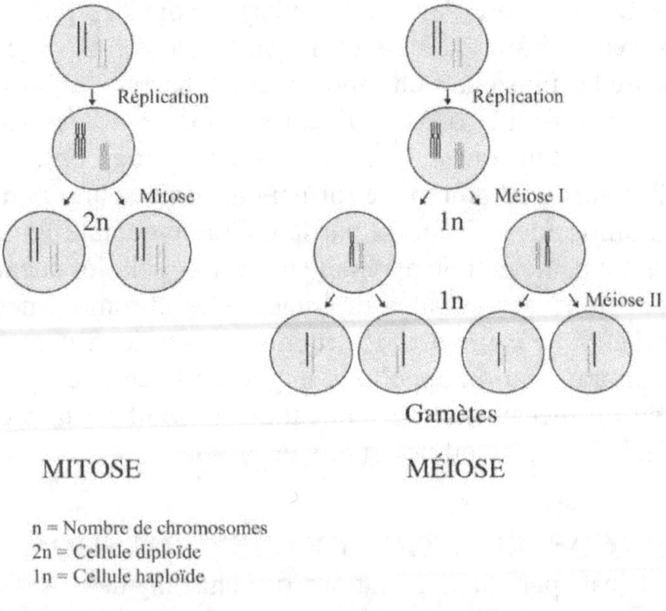

FIGURE 5 - SCHÈMA COMPARATIF ENTRE MITOSE ET MÉIOSE

La méiose est une reproduction sexuée qui se déroule en deux temps au niveau des seules cellules germinales des organes sexuels femelle et mâle **(Figure 5).** Les cellules germinales sont des cellules diploïdes possédant donc des paires de chromosomes homologues. Par la méiose les cellules germinales produisent les gamètes, des cellules haploïdes qui ne possèdent plus qu'un seul chromosome de chaque paire, soit le chromosome femelle, soit le chromosome mâle de chaque paire homologue.

Dans un 1er temps se produit la méiose I au cours de laquelle intervient une division cellulaire analogue à la mitose. Cependant alors qu'au cours de la mitose la réplication de l'ADN d'une paire de chromosomes homologues se déroule sans association de leurs ADN respectifs, durant la méiose I les ADN de chaque paire s'associent pour échanger des portions homologues de leur ADN (cross over). Dans un second temps intervient la méiose II au cours de laquelle se produit la division de chacune des 2 cellules issues de la méiose I ; cette nouvelle division entraîne la répartition de chaque paire de chromosomes homologues dans 2 cellules différentes. Chaque cellule ne contient plus qu'un seul chromosome de chaque paire ; ces cellules sont les gamètes. En résumé une 1ère méiose produit 2 cellules contenant des paires de chromosomes (cellules diploïdes) et la seconde méiose produit, à partir des 2 cellules diploïdes, 4 cellules contenant des chromosomes en seul exemplaire (cellules haploïdes). Les gamètes femelles sont les ovules et les gamètes mâles les spermatozoïdes chez les mammifères. C'est de la fusion d'un ovule et d'un spermatozoïde que se produit la fécondation qui donne naissance à l'ovocyte (œuf). La particularité importante de cette reproduction tient au fait que le gamète mâle contient essentiellement son lot d'ADN en un seul exemplaire, mais aucune autre structure cellulaire ; le gamète femelle est une cellule, avec son lot de chromosomes en un seul exemplaire ainsi que toutes les structures cellulaires et métabolites dont la nouvelle cellule a besoin. Dans la reproduction sexuée la première cellule haploïde, qui est à l'origine de la naissance d'un nouvel organisme, a donc une origine femelle à laquelle le spermatozoïde ne fournit qu'un lot complémentaire de chromosomes pour former une cellule diploïde.

Ainsi tous les organites de l'ovocyte sont fournis par le gamète femelle et particulièrement les mitochondries, source d'énergie. Dans la recherche de filiation pour connaître la première femme, l'Ève mitochondriale, dont les mitochondries ont engendré les mitochondries de tout humain actuel, on a pratiqué un séquençage de l'ADN mitochondrial de fossiles et de nombreuses personnes dans le monde. L'Ève mitochondriale a vécu il y a quelque 150 000 ans en Afrique.

La méiose est un mode de reproduction qui introduit une diversité génétique absente de la mitose. Cette diversité génétique intervient aussi bien en méiose I qu'en méiose II. Au cours de la méiose I avant la première division méiotique, la diversité génétique est générée par un brassage chromosomique entre les chromosomes homologues d'une même cellule germinale (cross over), brassage au cours duquel il y a des échanges entre des séquences homologues de ces 2 chromosomes sans perte ou gain de gènes. Au cours de la méiose II après la seconde division méiotique, la formation des gamètes isole dans chaque cellule soit le chromosome homologue maternel, soit le chromosome homologue paternel. Bien qu'ils contiennent les mêmes séquences de gènes, aucun des 4 chromosomes homologues individuels présents dans chacun des 4 gamètes n'est strictement identique dans sa séquence du fait du brassage chromosomique. Deux des gamètes (ovule ou spermatozoïde) contiennent un chromosome d'origine maternelle et les 2 autres le chromosome homologue d'origine paternelle. Enfin au cours de la fécondation d'un ovule par un spermatozoïde, l'ovocyte pourra contenir soit 2 chromosomes homologues d'origine maternelle, soit 2 chromosomes homologues d'origine paternelle, soit un mélange d'un chromosome maternel et de son homologue paternel. Cette règle étant valable pour toutes les paires de chromosomes homologues, la diversité n'en est que plus grande.

IV - REPRODUCTION ET BIODIVERSITE

Pendant plus de 2 milliards d'années la reproduction asexuée a été le seul mode de reproduction et ne concernait que des organismes unicellulaires du règne bactérien. Sauf extinction d'une espèce, on peut considérer que des espèces apparues aux origines de la vie et toujours présentes dans notre biosphère ont acquis une forme d'immortalité. Cette probabilité est faible, compte tenu des modifications physiques et chimiques intervenues dans les océans et l'atmosphère terrestre depuis près de 3,8 milliards d'années. On ne peut totalement exclure leur présence dans les fonds marins encore inexplorés. Pendant ces 2 milliards d'années il y a eu cependant apparition de nouvelles espèces bactériennes dans les océans. Pour expliquer cette biodiversité, qui s'est accompagnée de l'apparition de nouvelles fonctionnalités cellulaires, il est certain que des modifications sont intervenues dans l'information initiale présente dans les premières cellules. Dans la mesure où la reproduction asexuée conserve les caractères de la cellule parentale dans la transmission aux générations suivantes, les modifications ne sont pas liées à la réplication, mais à des mécanismes antérieurs à cette réplication intervenant dans la cellule parentale. Le mécanisme le plus probable est une acquisition par la cellule parentale d'une information déjà présente dans un virus. De nombreux scientifiques pensent qu'aux origines de la vie, le transfert de l'information a pu intervenir par l'intermédiaire de virus à ARN essaimant d'un site prébiotique à un autre ; ce type de transfert d'une espèce à une autre est un type de transfert horizontal. Un virus n'est pas une cellule et n'est pas entouré par une membrane ; son ARN est enfermé dans une capside protéique. Le virus se lie par une protéine de sa capside à la membrane de la cellule bactérienne, ce qui rend le transfert très sélectif. Ce virus injecte ensuite son ARN dans la cellule bactérienne. Ce transfert horizontal par des virus est appelé transduction.

Lorsque l'ADN a remplacé l'ARN comme seul support de l'information, l'ARN des virus n'avait plus la possibilité de se recombiner à l'ADN sans passer par une étape de rétrotranscription de l'ARN monocaténaire en une séquence d'ADN bicaténaire, ce qui impliquait une nouvelle entité enzymatique qu'on a appelé réverse transcriptase. Cette rétrotranscription a limité aux seuls rétrovirus le nombre de virus ayant la capacité de transférer de l'information. Notre génome contient plusieurs séquences informatives d'origine rétrovirale, le plus souvent silencieuses ; cependant leur expression en protéines peut être cause de pathologies sévères ; tel est le cas du virus du SIDA.

Il existe un autre mode de transfert horizontal entre bactéries appelé conjugaison. Pour ce faire il faut que l'information contenue dans l'ADN puisse franchir la barrière physico-chimique constituée par les membranes. Il faut donc qu'un contact se réalise entre les 2 bactéries par leurs membranes. Or aucune séquence d'ADN ou d'ARN n'a la possibilité de s'insérer dans la membrane pour la traverser. Au début de la conjugaison se réalise un contact par une structure protéique appelée pilus entre les membranes des bactéries donneuses appelées F^- (Fertilité) et réceptrice F^+. Le pilus permet l'ouverture d'un pore transitoire permettant le passage d'une partie de l'information de la bactérie donneuse vers la bactérie réceptrice. Lorsque les bactéries appartiennent à une même espèce, la séquence d'ADN transférée s'intègre à la molécule d'ADN de la cellule réceptrice par un mécanisme de recombinaison. La conjugaison intervient plus souvent entre bactéries d'espèces différentes ; dans ce cas la séquence d'ADN est absente de la molécule d'ADN de la bactérie réceptrice et ne peut donc pas être intégrée au chromosome bactérien par recombinaison. La séquence informative d'ADN forme une molécule circulaire d'ADN indépendante appelée plasmide. Les plasmides sont très utilisés par le règne bactérien pour se transmettre des séquences informatives permettant la résistance à des molécules chimiques tels que antibiotiques ou métaux lourds. Il n'est pas certain que ce mode de conjugaison ait été présent aux origines de la vie. Le transfert horizontal par les virus a probablement concerné l'ARN aux origines de la vie avant l'apparition de l'ADN.

Un 3ème mode de transfert horizontal est probablement intervenu, en particulier au moment de la Grande Oxydation qui coïncidait avec la présence d'oxygène libre dans les océans, il y a environ 2 milliards d'années. L'atome d'oxygène O^- est un puissant électrophile avide d'électrons, or les électrons des atomes d'hydrogène sont les pourvoyeurs d'énergie chimique sous forme d'ATP et les protons H^+ indispensables au pouvoir réducteur nécessaire à l'anabolisme. Privés d'électrons par les atomes d'oxygène O^-, les bactéries tirant leur énergie et leur pouvoir réducteur de la fermentation ont été empoisonnées et de nombreuses espèces ont disparu dans une grande catastrophe écologique. Certaines espèces ont probablement survécu par un transfert horizontal de séquences informatives d'ADN ; d'autres espèces ont probablement réalisé une coopération avec des bactéries capables de leur apporter non pas des séquences informatives d'ADN, mais des molécules utiles à leur métabolisme leur permettant de survivre. Ce transfert horizontal n'impliquant pas directement des séquences informatives d'ADN est réalisé par une symbiose entre 2 bactéries. Cette association symbiotique est assez répandue entre espèces des différents règnes. Ainsi les coraux, organismes marins du règne animal vivent en symbiose avec une flore bactérienne qui leur procure des métabolites qu'ils ne synthétisent pas. Cette symbiose peut être source de troubles métaboliques lorsqu'un des partenaires n'est plus présent ; le blanchissement des coraux pourrait être la conséquence de la perte d'un partenaire permettant la synthèse d'un pigment.

D'autres symbioses permettant un transfert horizontal de toutes les séquences informatives d'ADN d'une bactérie à une autre bactérie sont intervenues entre 2 milliards et 1,5 milliard d'années. Ces symbioses ont été nommées endosymbioses. La plus remarquable d'entre elles a concerné l'endocytose d'une Archée par une Eubactérie, 2 cellules procaryotes à noyau diffus. Le résultat de cette endosymbiose a abouti à une nouvelle cellule contenant une structure possédant une double membrane, le noyau. Cette nouvelle cellule a été nommée cellule eucaryote en raison de cette structure de noyau entourant l'ADN.

Il y a environ 1,5 milliard d'années une seconde endosymbiose a permis à une cellule eucaryote d'intégrer une cyanobactérie photosynthétique. La nouvelle cellule, nommée cellule végétale, a dès lors réalisé son anabolisme en utilisant le CO_2 comme source de carbone, ainsi que l'ATP et le pouvoir réducteur issus de l'énergie lumineuse. La cyanobactérie intégrée est devenue le chloroplaste.

Une dernière endosymbiose à la même époque a permis à une cellule eucaryote d'intégrer une eubactérie capable d'oxyder le glucose et les acides gras en présence d'oxygène, ce qui a donné naissance à une cellule animale. L'eubactérie intégrée est devenue la mitochondrie. Chloroplaste et mitochondrie sont des organites qui possèdent tous deux une double membrane et, malgré le transfert d'un grand nombre de leurs séquences informatives d'ADN au noyau, ils ont conservé un ADN permettant l'expression d'ARN messagers, d'ARN ribosomiques et de transfert pour la synthèse de quelques protéines intervenant uniquement dans le chloroplaste ou la mitochondrie.

Le transfert horizontal d'information par la conjugaison, chez des bactéries appartenant à la même espèce, préfigurait déjà une ébauche de sexualité par le fait qu'une cellule donneuse F^- transmettait de l'information à une cellule réceptrice F^+. La recombinaison, qui suivait l'entrée de la séquence informative, permettait à la cellule réceptrice de conserver une seule et unique molécule d'ADN par cellule, donc le chromosome était unique et la cellule conservait son caractère haploïde.

Les premières cellules eucaryotes, il y a 1,5 milliard d'années, étaient des organismes unicellulaires qui possédaient un seul chromosome ; on leur a donné le nom de protistes, taxon abandonné au profit du terme protozoaires. Les protozoaires sont constitués de cellules haploïdes comme les procaryotes. Ils constituent la plus grande partie de l'écosystème marin. Leur reproduction est asexuée et réalisée par mitose. Certains d'entre eux, les Ciliés, réalisent une reproduction sexuée par conjugaison. Au cours de cette conjugaison 2 cellules s'accolent pour échanger un noyau avant de se séparer. Cette conjugaison instaure la diploïdie dans une cellule qui possède donc 2 chromosomes homologues. Mais la grande majorité des protozoaires, qui sont formés de cellules haploïdes sont capables de produire des gamètes de 2 phénotypes distincts qui s'unissent en un zygote qui est diploïde. Ce processus est une syngamie. Un gamète émetteur attire l'autre gamète par chimiotropisme, en secrétant une phéromone sexuelle reconnue par un récepteur membranaire du gamète récepteur. Il faut noter que chez les protozoaires primitifs il n'était pas possible de différencier morphologiquement les gamètes émetteurs des gamètes récepteurs, il y avait donc isogamie. L'anisogamie est apparue plus tardivement et a permis de déterminer 2 types de gamètes de taille inégale, l'un de petite taille et plus mobile par la présence d'un flagelle, répondant au signal hormonal et l'autre de plus grande taille, immobile et rempli de substances de réserve, émettant le signal hormonal. Plus tard avec le règne animal, la reproduction a été dévolue à des cellules non végétatives spécialisées, spermatogonies et ovogonies localisées dans des organes spécialisés, testicules et ovaires chez l'Homme.

La diploïdie est une propriété qui a été conservée chez les métazoaires, organismes eucaryotes pluricellulaires qui sont apparus après les protozoaires. La diploïdie présente un avantage certain, celui de permettre aux cellules de posséder des paires de chromosomes. En effet la diploïdie confère un avantage en ce sens que tous les gènes sont représentés en double exemplaire, accroissant par-là la capacité des cellules à augmenter leur métabolisme et la croissance cellulaire. Un autre avantage de la diploïdie réside dans le fait que la perte d'un gène par mutation sur un chromosome est compensée par la présence d'un gène homologue sur l'autre chromosome.

Une grande partie des végétaux possèdent des cellules polyploïdes, qui contiennent donc 3 voire plus de chromosomes homologues. C'est une technique très utilisée pour accroître le volume d'une plante. Il semble cependant que la polyploïdie soit beaucoup plus rare chez les animaux. Par exemple dans l'espèce humaine très peu de tissus contiennent des cellules polyploïdes ; c'est le cas des hépatocytes. Les hépatocytes qui constituent 70 % des cellules du foie en tirent un avantage pour augmenter leur activité cellulaire nécessaire à leur rôle de carrefour métabolique, mais aussi de « poubelle » que constitue cet organe. Néanmoins on retrouve aussi des cellules polyploïdes dans des pathologies hépatiques (stéatose hépatique non-alcoolo-dépendante). La polyploïdie peut être un avantage dans le cas de cellules somatiques soumises à la reproduction asexuée ; en revanche elle présente au moins chez les animaux et l'Homme en particulier des effets néfastes dans le cadre de la reproduction sexuée au niveau des cellules germinales. En effet, dans de rares cas, à l'occasion de la méiose II qui aboutit à la formation des cellules haploïdes (gamètes), une de ces cellules, par suite d'une division défectueuse peut hériter d'une paire de chromosomes homologues alors que l'autre cellule issue de la division n'a plus de chromosome. Lorsque le gamète anormal, qu'il soit ovule ou spermatozoïde, qui possède une paire d'un chromosome donné, fécondera le gamète normal issu de l'autre sexe qui ne contient qu'un seul chromosome homologue de cette paire, le résultat sera un œuf à 3 chromosomes homologues au lieu de 2, soit une cellule triploïde, donc trisomique pour un chromosome donné. La plupart des trisomies donnent lieu à des anomalies embryonnaires ou des avortements spontanés, mais la trisomie affectant le chromosome 21 (syndrome mongolien) aboutit à la naissance d'enfants présentant une déficience intellectuelle.

Toutes les espèces végétales et animales sont des organismes pluricellulaires qui se reproduisent par reproduction sexuée. La reproduction sexuée favorise la biodiversité par l'intermédiaire des recombinaisons entre gènes homologues lors de la méiose I. Le seul inconvénient de cette reproduction sexuée tient au fait qu'elle ne peut se produire qu'en présence d'un partenaire de l'autre sexe, contrairement à la reproduction asexuée. Certaines espèces, rares, ont la possibilité d'éviter cet écueil par l'hermaphrodisme qui leur permet de produire les gamètes mâle et femelle qui peuvent se féconder dans le même organisme qui les produit.

Une autre différence importante entre reproduction asexuée et sexuée qui peut affecter les cellules somatiques et les cellules germinales concerne les mutations. Les cellules germinales participent à la production d'un œuf à partir duquel se formeront par différenciation tous les tissus et organes d'un organisme vivant. En conséquence une mutation présente dans le chromosome d'un gamète sera transmise à toutes les cellules de l'organisme. Si la mutation n'affecte qu'un seul type cellulaire, donc une cellule somatique, la mutation ne sera présente que dans ce tissu. Dans le 1er cas la mutation peut être transmise à la descendance, mais pas dans le second cas.

V - EXPRESSION DE L'INFORMATION

Une information dans une cellule n'est pas exclusivement destinée à être transmise par réplication aux générations successives pour assurer la pérennisation de l'information. Au niveau de la cellule le message contenu dans les molécules informatives est destiné à être utilisé par la cellule pour assurer son fonctionnement. En d'autres termes le message représente une information qui, au niveau du fonctionnement cellulaire doit être lue, donc exprimée et se traduire par une action. Comme précédemment énoncé, la grande majorité des actions qui se déroulent dans une cellule sont gérées par les protéines, que ce soit au niveau métabolique pour leur rôle enzymatique ou au niveau de la membrane pour assurer les échanges avec le milieu extracellulaire, mais aussi dans la régulation de l'activité cellulaire par l'intermédiaire de voies de signalisation. La lecture du message doit donc aboutir à une synthèse de protéines.

Pour que l'information contenue dans l'ADN soit exprimée dans la cellule, il est nécessaire qu'elle soit convertie en une structure différente de celle de l'ADN. En biologie il s'agit de traduire un langage composé de 4 nucléotides différents en un autre langage composé de 20 acides aminés différents.

Le mécanisme de la traduction est décrit dans le chapitre Annexe.

Aux origines de la vie dans un monde ARN, il y avait traduction directe de l'ARN en protéines. L'ARN est une structure composée d'une seule chaîne (monocaténaire) accessible à la traduction en protéines. Avec l'avènement de l'ADN qui a remplacé l'ARN comme molécule informative, la traduction directe des gènes présents sur l'ADN en protéines devenait impossible en raison de sa structure bicaténaire composée de deux chaînes complémentaires fortement associées. Toute séquence d'ADN transcrite en ARN est appelée gène. Les deux chaînes d'ADN ne sont dissociables l'une de l'autre qu'à des températures très élevées. Dans la cellule, elles peuvent être séparées de manière progressive sur une longueur d'une vingtaine de nucléotides avant de se réassocier. Dans le cas de la réplication la séparation est possible de manière progressive parce que la machinerie de réplication sépare les 2 chaînes d'ADN en synthétisant dans le même temps une chaîne complémentaire à chacune des 2 chaînes qui ont été séparées (**voir Figure 5**).

L'information contenue dans chaque gène de l'ADN doit être d'abord transcrite en une structure complémentaire monocaténaire d'ARN avant d'être traduite en protéine. Tous les gènes, présents sur l'ADN, qui portent l'information pour la synthèse des protéines sont transcrits en ARN « messagers », appelés aussi ARN « codants ». Ils ne représentent chez l'Homme qu'environ 3,5 % de l'ensemble des gènes présents sur l'ADN. On estime qu'environ 30 000 gènes répartis sur les chromosomes du génome humain sont transcrits en ARN codants. Tous les autres gènes présents sur l'ADN (près de 80% de la totalité de l'ADN chez l'Homme) sont transcrits en ARN « non codants ». Les ARN non codants les plus nombreux sont les ARN ribosomiques et les ARN de transfert qui interviennent dans le processus de traduction des ARN messagers en protéines et qui sont présents en multiples exemplaires sur l'ADN (200 gènes identiques d'ARN ribosomiques dans le génome humain).

En résumé dans le monde ARN la réplication de l'information et sa traduction en protéines avait pour origine l'ARN. C'est toujours le cas pour les virus à ARN monocaténaire. L'apparition de l'ADN a introduit une étape supplémentaire, la « transcription » des gènes de l'ADN en ARN dont certains, les ARN messagers sont traduits en protéines.

VI – LES VARIATIONS DE L'EXPRESSION

Toutes les personnes s'exprimant dans un même langage ont un langage commun, mais leur usage de ce langage commun n'est pas le même. Il en est de même pour l'information génétique. En effet tous les organismes d'une même espèce vivante, l'Homme par exemple, possèdent les mêmes gènes à l'intérieur desquels les variations sont minimes et n'influencent que rarement l'expression du gène. Il existe cependant des cas plus rares où une mutation intervenant sur le gène peut entraîner une altération qualitative de sa séquence. Dans ce cas c'est le langage qui est altéré, ce qui se répercute sur son expression. Pour un gène non altéré, son expression quantitative sera variable entre individus de cette espèce. Le gène, donc le langage, est le même pour tous les individus de l'espèce mais l'expression du message contenu dans le gène dépendra de l'environnement de chaque individu. Par environnement on entend son régime alimentaire, les nuisances externes, le climat, les addictions, en résumé son mode de vie. Les gènes constituent le génome et l'expression des gènes constitue l'épigénome. Lorsqu'un individu transmet son génome à sa descendance, il lui transmet aussi son épigénome, mais cet épigénome est modifiable en fonction de l'environnement du descendant, alors que le génome ne l'est pas. Bien entendu la situation est plus complexe chez les eucaryotes, car leur génome est composé de gènes homologues maternel et paternel ; il y a de plus des différences entre individus de la même fratrie en raison de la méiose spécifique à la reproduction sexuée. Les seuls individus possédant un même génome et un même épigénome à la naissance sont les vrais jumelles ou les vrais jumeaux, car elles ou ils sont issus d'un même ovocyte. Ces jumeaux et jumelles ne conserveront le même épigénome que s'ils vivent dans le même environnement. Dans le monde animal on peut sélectionner des animaux possédant un même génome et un même épigénome constituant donc un clone. L'intérêt est évident pour la recherche, car l'interprétation des résultats évite les variations qui pourraient être dues à des animaux qui ne seraient pas identiques par rapport à leur génome et à son expression. Pour les recherches sur l'Homme cette pratique serait moralement et éthiquement répréhensible, donc les résultats expérimentaux doivent tenir compte de biais non maîtrisables. La pratique du clone est très répandue chez les végétaux et animaux pour des raisons de rendement.

La variation de l'expression chez le procaryote ne dépend que de l'étape de transcription des gènes. Elle est beaucoup plus simple que chez l'eucaryote en ce sens que d'une part il ne possède qu'une seule molécule d'ADN et que d'autre part, généralement, c'est un mécanisme de tout ou rien. Dans une cellule procaryote il y a une expression coordonnée d'un ensemble de gènes. Ainsi pour une voie métabolique donnée soit la transcription de l'ensemble des gènes de cette voie métabolique a lieu, soit il y a blocage de la transcription de l'ensemble des gènes. Les gènes d'une même chaîne métabolique sont associés en une même séquence d'ADN et sont transcrits en un ARN messager unique (ARNm polycistronique). La traduction de cet ARN messager aboutira à des protéines séparées les unes des autres.

La situation est très différente chez l'eucaryote. Les gènes d'une même chaîne métabolique sont dispersés sur des chromosomes différents et chacun d'entre eux est transcrit en ARN messager (ARNm monocistronique). De plus le gène peut être transcrit soit à partir du gène présent sur le chromosome maternel, soit à partir du gène présent sur le chromosome paternel. En revanche leur transcription est généralement régulée par les mêmes facteurs de régulation.

Dans toutes les cellules vivantes certains gènes sont toujours transcrits. Ces gènes sont les gènes indispensables aux principales fonctions de la cellule. On leur donne le nom de gènes domestiques ; ce sont des gènes codants traduits en protéines et enzymes intervenant dans les principales voies métaboliques, dans la production d'énergie et dans la division cellulaire.

Chez les organismes unicellulaires, durant toute la durée de leur existence et en fonction du besoin, tous les gènes peuvent être transcrits, donc sont ouverts à la transcription ; le besoin est lié aux variations du milieu dans lequel ils se développent.

Chez les organismes pluricellulaires la situation est différente en raison de la différenciation cellulaire. Chez ces organismes, à partir d'une cellule initiale, l'ovocyte, se réalise une différenciation aboutissant, au cours de l'embryogénèse, à la formation de tissus cellulaires (200 chez l'Homme) qui s'organisent en organes associant plusieurs tissus. De ce fait, au cours de l'embryogénèse, certains gènes seront ouverts à la transcription avant d'être définitivement fermés à la transcription. Tous les gènes sont ouverts à la transcription durant une très courte période de division de l'ovocyte. Ces cellules sont appelées cellules souches totipotentes, car elles peuvent produire les 200 tissus cellulaires de l'Homme. La croissance de ces cellules aboutit assez rapidement à la formation de 3 feuillets embryonnaires : l'ectoderme à l'origine du système nerveux et de l'épiderme de la peau ; l'endoderme à l'origine des muqueuses des systèmes digestif, respiratoire et urogénital et le mésoderme à l'origine du reste des tissus. A l'origine de chaque feuillet embryonnaire il y a une cellule souche, ces cellules souches sont dites pluripotentes, car elles peuvent se différencier en tissus spécifiques de leur feuillet embryonnaire. Pour chaque feuillet ne seront ouverts à la transcription que les gènes codant pour les protéines des tissus de ce feuillet ; les autres gènes seront fermés à la transcription. Cellules souches totipotentes et cellules souches pluripotentes sont des cellules souches embryonnaires.

Après l'embryogénèse la majorité des organes sont différenciés si bien que, à l'exception des gènes domestiques, certains gènes seront ouverts à la transcription dans un organe donné alors que les autres gènes seront fermés à la transcription dans ce même organe. Des cellules souches capables de se différencier en plusieurs types cellulaires différents peuvent être présentes de manière permanente ; c'est le cas des cellules progénitrices des cellules sanguines et des cellules intestinales. Ces cellules souches persistantes sont des cellules souches multipotentes.

Depuis la découverte des cellules souches, de nombreuses recherches sont en cours ou ont déjà abouti à la préparation de tissus à partir de cellules pluripotentes presque essentiellement. Ces tissus sont destinés à une thérapie cellulaire visant à remplacer des tissus altérés comme dans l'infarctus du myocarde par exemple ou certaines pathologies sanguines. L'usage de cellules souches totipotentes est prohibé en raison de la formation possible de tératomes (tumeurs indifférenciées très agressives).

Lorsque les organes sont totalement différenciés, les gènes encore ouverts à la transcription peuvent être transcrits à des taux variables selon les individus en fonction de leur environnement. Il s'agit donc d'une variation quantitative de la transcription de certains gènes.

CHAPITRE V
LES PREMICES DE LA VIE

Dans une cellule vivante l'information génétique est primordiale, le métabolisme est indispensable et la membrane est essentielle pour les échanges avec le milieu extracellulaire. Une information perdue, un métabolisme défaillant ou une membrane perméable mettent en danger la cellule et peuvent entraîner sa mort.

La variabilité la plus importante est observée au niveau de l'information génétique ; cette variabilité est la cause de la grande biodiversité observée sur notre planète. Le métabolisme dans sa grande majorité est commun, à quelques nuances près, à la majorité des organismes vivants ; ce fait n'est pas surprenant puisque les 4 types de biomolécules sont présents dans tous les types cellulaires et que la production d'énergie cellulaire aboutit à une même molécule, l'ATP. Enfin la structure globale de la membrane plasmique est également commune à l'ensemble des cellules.

Jamais le génie de l'Homme n'a réussi à ce jour à créer une cellule vivante à partir des informations dont il dispose sur le fonctionnement cellulaire et des techniques pourtant très performantes qu'il maîtrise. En revanche avec toutes les techniques analytiques disponibles, il est capable de connaître à un instant donné la présence ou l'absence des gènes exprimés (transcriptome), de la majorité des métabolites essentiels (métabolome) ainsi que des protéines présentes (protéome) dans un type cellulaire. Le génome humain (séquences ADN des chromosomes) est séquencé, mais il n'est pas encore déchiffré dans sa totalité (correspondance entre les gènes et leur expression en protéines).

L'achèvement de la planète Terre s'est produit il y a environ 4 milliards d'années. Les premières cellules vivantes seraient apparues il y a environ 3,8 milliards d'années.

Durant cet intervalle de plusieurs millions d'années, la Terre a subi de grands bouleversements. En effet la collision avec Théia, une planète de la taille de la planète Mars avait expulsé l'hydrogène présent dans l'atmosphère, si bien que le gaz majoritaire était le dioxyde de carbone dont l'origine était l'intense volcanisme. Ce volcanisme était aussi la cause de l'évaporation de l'eau incluse dans le manteau terrestre à la suite de la collision avec Théia, planète riche en eau. En présence d'une température atmosphérique très élevée et de l'eau à l'état de vapeur toute apparition de vie était impossible. La chute progressive de la température atmosphérique a permis la condensation de l'eau. La vie serait apparue lorsque l'Océan primitif, issu de la condensation de la vapeur atmosphérique, avait une température voisine de 70 degrés. A l'échelle du temps la cellule vivante est donc apparue peu après la formation définitive de notre planète, comme si toutes les molécules étaient déjà présentes sur la Terre et qu'il ne suffisait que d'en réaliser l'assemblage pour obtenir la Vie.

C'est donc durant cet intervalle de temps que la matière vivante s'est constituée à partir de la matière inerte, sans que nous ne puissions connaître la durée de cette période que nous nommons « Les Prémices de la Vie ». Une telle période ne peut être reproduite expérimentalement et en l'absence de preuves, nous en sommes réduits à des hypothèses. La formation de la cellule la plus ancestrale prénommée LUCA à partir de la matière inerte a nécessité plusieurs étapes. Rappelons que LUCA (Last Universal Cell Ancestor) était une cellule comportant une membrane lipido-protéique, un métabolisme permettant de produire toutes les biomolécules par catalyse protéique en présence d'ATP comme source d'énergie ainsi qu'une molécule d'ADN. Étaient présents dans LUCA tous les processus biologiques fondamentaux d'une cellule vivante : production d'ATP, transcription d'ADN en ARN, traduction d'ARN en protéines et enfin division de la cellule par mitose. L'hypothèse que nous proposons dans cet ouvrage sur les prémices de la Vie tient compte principalement des traces du passé que nous pouvons retrouver expérimentalement dans le présent au niveau de la plus simple des cellules.

La seule certitude qui nous a été fournie, notamment par les fragments de météorites parvenus sur le sol terrestre, est la présence de molécules organiques dont certaines sont d'authentiques biomolécules. La particularité essentielle des molécules organiques par comparaison aux molécules inorganiques est la présence d'atomes de carbone. Parmi les molécules organiques figurent les biomolécules, dont la particularité est de n'être composées que d'atomes de carbone, d'hydrogène et d'oxygène (molécules hydrocarbonées) avec la présence supplémentaire de l'atome d'azote pour certaines d'entre elles.

L'histoire de la Vie a commencé, comme l'avance une majorité de biologistes, dans un vaste Océan primitif. Un mélange concentré de molécules inorganiques et organiques, dont des biomolécules, aurait formé une soupe primitive à proximité de sources hydrothermales il y a près de 3,8 milliards d'années. Ces sources produisent d'une part de petites molécules gazeuses oxydantes (CO, CO_2), source d'atomes de carbone et d'oxygène et d'autre part des molécules réductrices (H_2, NH_3 et H_2S), source d'atomes d'hydrogène et d'azote.

La composition de cette soupe primitive n'est pas connue. Cependant de multiples expériences, dont la validité scientifique n'est pas contestée, ont abouti à des réactions chimiques en milieu acellulaire démontrant la probabilité de la présence de biomolécules dans une soupe primitive. Ces réactions chimiques produisent des biomolécules simples comme glucose, ribose, acides gras, acides aminés et nucléotides. Ces réactions chimiques ont pour catalyseurs des molécules inorganiques issues de silicates métalliques présents dans le manteau terrestre. Ces silicates au contact de l'eau produisent des molécules d'hydrogène H_2 dont le rôle est fondamental.

En effet l'atome d'hydrogène est, par son pouvoir réducteur, le principal contributeur de toutes les synthèses de biomolécules de la soupe primitive, qu'il provienne de molécules d'hydrogène H_2 ou de l'hydrogène sulfuré H_2S. De plus l'atome d'hydrogène, dans cette soupe primitive, a fourni, comme il a été proposé, l'énergie nécessaire à la réalisation de la réaction d'oxydoréduction entre le dioxyde de carbone CO_2 et le dihydrogène H_2 qui produit la molécule de méthane CH_4, point de départ de toutes les synthèses de biomolécules. Cette réaction exothermique appelée méthanogenèse est toujours présente dans les bactéries méthanogènes. D'autres sources d'énergie physique ont aussi contribué à la synthèse de réactions non spontanées aussi bien dans les astéroïdes (radiations ultraviolettes et radioactives) que dans la soupe primitive (radioactivité surtout).

Il est fort probable que d'autres réactions exothermiques aient pu se produire dans la soupe primitive à partir de molécules activées par la molécule de phosphate (PO_4H_3) ou par la molécule d'hydrogène sulfuré (H_2S) en formant des liaisons esters riches en énergie. En revanche de gros doutes persistent sur la présence de molécules activées par la molécule de pyrophosphate ($P_2O_6H_4$) dans laquelle 2 molécules de phosphate sont liées entre elles par une liaison anhydride dont l'énergie est plus importante qu'une liaison ester riche en énergie. L'absence de ce type de liaison dans la soupe primitive rend impossible la formation de molécules d'acide nucléique (ARN et ADN). En l'absence d'ARN, il est difficile de concevoir un code génétique et une structure ribosomique permettant la synthèse de protéines. Certains chercheurs pensent que des oligonucléotides d'ARN et des oligopeptides ont pu être synthétisés dans des niches peu hydratées, favorisant la polymérisation. Notre hypothèse exclut la présence de monomères de nucléosides triphosphates dans la soupe primitive, ce qui implique que leur synthèse n'est intervenue que dans des protocellules.

Il est évident que les protocellules étaient d'une composition relativement simple en comparaison des cellules les moins complexes actuellement présentes dans la biosphère. Trois constituants ont à priori permis de passer du monde abiotique de la soupe primitive au monde biotique de la cellule. Le premier est l'atome d'hydrogène qui en se liant au CO_2 a permis la synthèse des biomolécules par son pouvoir réducteur et cela déjà dans la soupe primitive. Le second constituant est la molécule d'ATP qui a fourni au monde biotique le pouvoir énergétique essentiel à l'anabolisme. L'ATP détient ce pouvoir de l'énergie fournie par les électrons des atomes d'hydrogène. L'ATP est une molécule qui fournit une énergie chimique à l'anabolisme, mais l'ATP est une molécule de transport d'énergie et non de stockage en ce sens qu'il est utilisé dès qu'il est synthétisé. Le 3ème constituant est une macromolécule, l'ARN qui est un polymère de ribonucléosides monophosphates qui en constituent les monomères. La polymérisation de ces monomères nécessite leur activation préalable sous forme de ribonucléosides triphosphates par l'ATP. En résumé la synthèse d'ATP est dépendante de l'atome d'hydrogène et la synthèse d'ARN de la synthèse d'ATP. L'ion phosphate a été un ion essentiel dans les protocellules pour son rôle énergétique, mais il a aussi permis d'éviter la fuite vers l'espace extracellulaire de molécules indispensables au métabolisme comme le glycérol, le glucose et les nucléotides. En effet toute molécule phosphorylée, depuis l'avènement des premières cellules, ne peut être exportée, ce qui permet de maintenir sa concentration dans l'espace intracellulaire, indispensable pour entretenir le métabolisme.

La formation initiale de protocellules a pour origine la constitution de structures lipidiques formées à partir de chaînes carbonées, molécules composées d'au minimum une douzaine de chaînons CH_2 répétés. Ces molécules sont hydrophobes et possèdent à leurs extrémités une fonction acide (COOH) ou alcool (OH) leur permettant de se lier à une molécule de glycérol phosphate. Cette étape a permis d'obtenir les premiers phospholipides membranaires. De telles molécules hydrophobes dans un milieu hydrophile aqueux sont apparues probablement dans des niches peu hydratées (argiles et pyrite) afin de permettre une concentration micellaire critique favorable à la formation de structures tridimensionnelles sphériques ou allongées qui ont formé un espace clos hydrophile. Les structures formées au contact de la soupe primitive étaient donc probablement constituées de molécules de phospholipides possédant 2 extrémités « phosphate » hydrophiles organisées en une monocouche comme dans les membranes des Archées, ce qui en faisait des liposomes délimitant un espace clos hydrophile. La formation de liposomes en milieu hydrophile nécessite une agitation qui pouvait provenir d'un bouillonnement au niveau des cheminées hydrothermales. La formation de ces liposomes au sein même de la soupe primitive leur a permis d'intégrer dans leur espace clos hydrophile les molécules organiques et inorganiques hydrophiles présentes dans la soupe primitive. Ainsi, à l'intérieur des liposomes, des réactions chimiques ont pu se dérouler comme dans la soupe primitive. Ces premiers liposomes n'ont pu acquérir de nouvelles molécules de phospholipides que par des fusions avec les phospholipides d'autres liposomes nouvellement formés. Par ces fusions répétées, de nouvelles molécules présentes dans le milieu hydrophile de ces liposomes en formation ont enrichi les liposomes déjà formés. De plus la structure phospholipidique est perméable aux petites molécules gazeuses (CO_2, H_2, H_2S, NH_3) d'origine volcanique qui sont les molécules initiales impliquées dans la synthèse des biomolécules. Dans ces liposomes la concentration de biomolécules a augmenté avec le temps et notamment la concentration de glycéraldéhyde 3-phosphate. L'oxydation de cette molécule a été probablement à l'origine de la première chaîne catabolique qui a abouti à la production d'acide pyruvique et qui a permis la production des premières molécules d'ATP dans les liposomes. Ainsi apparaissaient des protocellules métaboliques avec les atomes d'hydrogène (pouvoir réducteur) et l'ATP (pouvoir énergétique spécifique à la cellule).

La molécule de glycéraldéhyde-3-phosphate a pu représenter le premier carrefour métabolique dans des protocellules métaboliques. En effet la molécule de glycéraldéhyde 3-phosphate a été oxydée en acide pyruvique avec production d'ATP ; par oxydation elle a été convertie aussi en glycérol-3-phosphate, molécule dont l'association à 2 acides gras produit les phospholipides de la membrane. De plus 2 molécules de glycéraldéhyde 3-phosphate se condensent pour produire une molécule de fructose-6-phosphate, précurseur immédiat du glucose-6-phosphate qui est la molécule initiale de la voie de la glycolyse. Enfin la molécule de glucose 6 phosphate peut être oxydée pour produire des molécules de ribose-5-phosphate par la voie des pentoses phosphates, molécule indispensable à la synthèse des ribonucléotides, monomères de l'ARN.

L'étape suivante a été l'apparition des ARN. En effet parmi les 2 structures polymériques de la cellule, ARN et protéines, l'ARN a la capacité, à l'inverse des protéines, de se répliquer pour multiplier avec une relative fidélité le nombre de copies d'une même molécule. Les protéines ont besoin de l'information présente dans un ARN pour se multiplier à l'identique. D'autre part l'ARN peut être synthétisé par autocatalyse, ce qui n'est pas le cas des protéines.

La présence d'ATP et de ribonucléotides dans les protocellules métaboliques a permis l'activation des ribonucléosides monophosphates déjà présents dans la soupe primitive (AMP, GMP, CMP et UMP) pour former des ribonucléosides triphosphates (ATP, GTP, CTP et UTP). La polymérisation de ces derniers en acides ribonucléiques (ARN) a pu se réaliser dans les protocellules par autocatalyse. Ces premiers ARN ont vraisemblablement remplacé les catalyseurs inorganiques des premiers liposomes. Leur capacité à se répliquer leur a permis de multiplier le nombre de copies d'un même ARN en même temps que se synthétisaient d'autres séquences d'ARN différentes des premières séquences. Le monde ARN s'organisait ainsi dans une protocellule métabolique.

Il est probable que les premières molécules d'ARN aient été de taille réduite. Il est aussi possible que des ARN agissant en catalyseurs d'une même voie métabolique aient pu se lier entre eux par leurs extrémités 5' et 3' pour former l'équivalent d'un ARN viral, à la différence que les premiers ARN avaient essentiellement un rôle catalytique métabolique. En effet un ARN viral a un rôle informatif, car il possède dans sa structure toutes les séquences qui permettent au minimum sa réplication et la synthèse d'une capside protéique, le rôle catalytique étant assuré en partie par des protéines issues de l'information présente dans l'ARN viral. Les virus, en l'absence de synthèse de protéines, n'étaient donc pas encore nés.

Pour se protéger d'une dépolymérisation à partir de leurs extrémités, ces ARN se sont probablement organisés en structures circulaires comme les ADN de plasmides ou l'ADN des mitochondries. D'autres ARN ont adopté des structures repliées par la formation de liaisons auto-complémentaires à partir d'une même chaîne d'ARN comme les ARN ribosomiques et les ARN de transfert. Ces derniers ARN ont été les précurseurs des ARN non codants impliqués dans la synthèse des protéines et ont été fonctionnels après que les ARN circulaires sont devenus des ARN codants, porteurs de messages spécifiques pour la synthèse de protéines.

Chaque molécule d'ARN a probablement assuré sa propre réplication indépendamment des autres ARN à des vitesses différentes si bien que pouvaient coexister dans une même protocellule des quantités variables de chaque ARN, la quantité d'ATP représentant le facteur limitant de la réplication. De plus les vitesses de réplication pouvaient aussi être variables ; en effet la vitesse de réplication des structures auto-complémentaires était probablement plus lente et a fourni à ces ARN une plus grande stabilité aussi bien par leur structure que par un pourcentage d'erreurs de réplication moindre que pour les ARN circulaires.

A ce stade d'évolution les ARN du monde ARN avaient acquis 2 rôles, le rôle catalytique et le rôle informatif pour certains d'entre eux. Ce rôle informatif a entraîné l'avènement d'autres polymères, les protéines. Leur synthèse nécessitait la présence d'ATP pour activer les acides aminés et la présence d'ARN ribosomiques ainsi que la présence d'ARN de transfert porteurs d'acides aminés qui leur étaient spécifiques. Certains chercheurs pensent que l'activation des acides aminés s'est réalisée initialement dans la soupe primitive par thiolation par l'hydrogène sulfuré pour former des liaisons énergétiques thiol-esters. Cette thiolation se serait produite de la même manière avec les acides gras dans la soupe primitive ; dans la cellule les acides gras sont toujours synthétisés par condensations successives de plusieurs molécules d'acétyl-coenzyme A, le coenzyme A possédant un groupement fonctionnel « thiol SH ». Il est probable que les premiers acides gras qui ont été synthétisés dans la soupe primitive provenaient de la condensation de molécules de thio-acétyl (CH3-CO-SH).

Avant que la synthèse de protéines ne soit possible à partir du message présent dans l'ARN, il a fallu que naisse un code attribuant à chaque acide aminé une séquence correspondante de nucléotides. En l'absence d'enzymes comme les 20 aminoacyl-ARNt-synthétases reconnaissant les 20 acides aminés présents dans les protéines, les ARN de transfert ont eu certainement besoin de catalyseurs spécifiques pour reconnaître l'acide aminé qui leur correspondait. Dans un monde ARN, ces catalyseurs ne pouvaient être que des ARN dont on a perdu toute trace. La synthèse des protéines a complété ce qui n'étaient que des protocellules pour aboutir au concept de cellules entièrement gérées par les ARN, auxquelles on peut attribuer le terme de ribocytes.

La synthèse de protéines a eu 2 rôles majeurs : sur le métabolisme cellulaire d'une part et sur la structure membranaire d'autre part.

1-Sur le métabolisme s'est opéré un transfert du rôle catabolique exercé par les ARN vers les protéines dont la diversité des interactions possibles entre métabolites et acides aminés des protéines assurait une plus grande spécificité.

2-Dans la structure membranaire, alors exclusivement composée de phospholipides, se sont insérées des protéines amphipathiques dont le rôle a été de transférer des molécules organiques hydrophiles et des ions inorganiques du milieu extracellulaire vers le milieu intracellulaire. De ce fait la membrane a acquis un rôle de sélection des molécules hydrophiles à importer. Cette sélection ajoutée au rôle catalytique des protéines a entraîné une plus grande indépendance de la cellule enfin complétée vis-à-vis de la soupe primitive. Cette indépendance a eu 2 conséquences complémentaires : la limitation des fusions membranaires et la sortie des cellules de leurs niches pour coloniser le monde marin.

Les ribocytes contenaient vraisemblablement plusieurs molécules d'ARN différentes autoréplicatives à la manière des mitochondries d'origine bactérienne, qui contiennent de multiples copies d'ADN. Il est aussi possible que le mécanisme de reproduction des ribocytes ait été comparable au mode de reproduction observé dans les mitochondries sur le mode fusion – fission.

Pour parvenir à la dernière cellule la plus ancestrale commune aux Archées, Eubactéries et Eucaryotes (LUCA), la dernière étape à accomplir était l'avènement de l'ADN comme molécule informative à la place de l'ARN.

La différence majeure entre ARN et ADN porte sur le ribose présent dans les nucléotides. Dans les nucléotides constitutifs de l'ADN le ribose a perdu un groupement hydroxyle en position 2, ce qui le convertit en 2-désoxyribose. Ce changement va permettre à la molécule d'ADN d'adopter une structure bicaténaire plus stable qu'une structure bicaténaire d'ARN. En raison de sa plus grande stabilité, les molécules d'ADN vont former des structures hélicoïdales d'une taille plus importante que les ARN.

La conversion du ribose en désoxyribose nécessite la présence de réductases, enzymes dont l'action convertit les ribonucléosides- triphosphates en désoxyribonucléosides-triphosphates, ce qui serait un argument favorable à l'hypothèse que l'ARN a précédé l'ADN dans l'évolution, puisque sans l'information présente dans l'ARN, il ne pouvait y avoir synthèse de protéines enzymatiques. De plus sans une information déjà présente dans l'ARN il ne pourrait y avoir transfert de cette information dans l'ADN. L'ADN à son origine a donc probablement été une réplique d'une molécule d'ARN. Il suffit en effet d'une molécule d'ARN monocaténaire pour obtenir dans un premier temps par réplication une molécule d'ADN monocaténaire, cette molécule d'ADN monocaténaire étant à son tour répliquée pour donner une molécule complémentaire d'ADN qui s'associe à la première pour former une molécule d'ADN bicaténaire. Cette conversion nécessite la présence de 2 enzymes différentes : dans le premier temps une ADN polymérase ARN dépendante et dans un second temps une ADN polymérase ADN dépendante. Si des ADN polymérases ADN dépendantes sont présentes dans toutes les cellules, aucune ADN polymérase ARN dépendante n'y est présente, ce qui correspond à la disparition définitive du monde ARN. En revanche des ADN polymérases ARN dépendantes sont encore présentes dans certains virus à ARN, les rétrovirus, constituant une trace d'un passé très lointain. Le fait que des virus puissent encore posséder dans leur génome une information qui a disparu des cellules depuis LUCA ou peu après LUCA pourrait signifier que l'acquisition de cette information a été obtenue d'un transfert horizontal de gènes par des virus, comme certains biologistes en font l'hypothèse. Les cellules auraient progressivement transféré l'information présente dans l'ARN vers l'ADN beaucoup plus stable, alors que les rétrovirus à ARN auraient conservé cette information. Les premiers ADN avaient probablement la taille des ARN qui leur ont servi de matrice, soit une taille équivalente à l'ARN de plasmides. Les plasmides sont des molécules d'ADN bicaténaire circulaires et se répliquent indépendamment les uns des autres et également de l'ADN bactérien. D'autre part il est possible que certains plasmides se soient intégrés dans un chromosome d'ADN circulaire à la manière des épisomes, enrichissant ainsi l'ADN en nouveaux gènes. La contribution de virus à ARN et à ADN ainsi que de plasmides à ADN est une hypothèse vraisemblable à l'accroissement progressif de la taille du génome ADN par transfert horizontal dans les premières cellules bactériennes.

Une cellule unique nommée LUCA aurait donc permis l'avènement des 3 principaux types cellulaires : Archée, Eubactérie et Eucaryote. Cette cellule ancestrale aurait donc présenté les caractères communs aux 3 types cellulaires. Parmi ces caractères communs figurent une membrane lipido-protéique, un métabolisme permettant de procurer à la cellule les principales biomolécules et une information génétique assurant la reproduction et le fonctionnement cellulaire. Si 3 types cellulaires sont issus d'un ancêtre commun, c'est que l'évolution leur a permis d'avoir des caractères qui leur sont spécifiques. Il semble que les Archées et les Eubactéries, tous deux organismes unicellulaires, soient apparues presque simultanément. En revanche le type Eucaryote est apparu 3 milliards d'années plus tard et serait selon certains biologistes le résultat d'une endocytose d'une Archée par une Eubactérie. Cette endocytose a été suivie d'un partage de l'information génétique de chacun de ces 2 types cellulaires pour réaliser non pas la priorité informationnelle d'un des 2 types cellulaires, mais une association symbiotique gagnante par l'enrichissement en gènes et donc en fonctions cellulaires. Ce type d'endosymbiose gagnante est assez rare et il est probable que de nombreuses endocytoses se soient terminées par des phagocytoses où la cellule endocytée est totalement détruite. C'est bien la situation qui a lieu dans l'organisme humain, lorsqu'une bactérie étrangère est phagocytée par un macrophage, cellule sanguine circulante, qui la digère entièrement. La symbiose la plus courante ne consiste pas en une endocytose, mais une association de 2, voire plusieurs organismes, chaque organisme conservant son intégrité. Il s'agit d'un transfert réciproque ou non de métabolites ou de molécules organiques et non pas d'un transfert de gènes. Un des meilleurs exemples concerne la communauté des Archées et des Eubactéries constituant le microbiote qu'abrite le tractus intestinal de l'Homme.

Chacun des 3 types cellulaires a donné naissance, au cours de l'évolution, à de nombreuses espèces ayant une information génétique commune. Pour chaque espèce différente il y a donc eu acquisition d'une information supplémentaire ou d'une substitution d'information par une autre. L'acquisition s'est faite par des transferts de gènes entre espèces. Il s'agit d'un transfert horizontal de gènes. Ce transfert a pu se réaliser par des liaisons entre membranes plasmiques de 2 espèces différentes avec injection d'une partie limitée de matériel génétique d'une espèce vers l'autre (conjugaison) ou par l'intermédiaire de virus (transduction). L'apparition de la reproduction sexuée a permis un autre type de transfert de gènes à l'intérieur d'une même espèce, le transfert vertical de gènes qui s'opère durant la méiose. C'est ainsi que la seule espèce d'Hominidés présente actuellement sur notre planète, Homo Sapiens a acquis des gènes provenant du genre Neandertal, qui a totalement disparu de nos jours. Cette acquisition s'est opérée par des naissances issues de couples de ces 2 genres d'Hominidés.

CHAPITE VI
CONCLUSION

La Vie peut se résumer en quelques chiffres : une sélection de 4 atomes (C, O, N, H) pour une synthèse sélective de 4 classes de biomolécules (glucides, lipides, nucléotides, acides aminés) dont 2 classes (nucléotides au nombre de 4 et acides aminés au nombre de 20) s'assemblent en polymères : acides nucléiques au nombre de 2 (ARN et ADN) et protéines.

Les lipides sont à l'origine de la formation de la membrane de la cellule, complétée par leur association à des protéines ; les glucides associés aux acides gras sont à l'origine de l'énergie de la cellule et les acides nucléiques (ARN d'abord, puis ADN) associés ou non à des protéines sont à l'origine de l'information de la cellule. Ces associations permettent un fonctionnement optimal de la vie cellulaire.

L'association assez originale des 4 nucléotides par complémentarité 2 à 2 leur confère une aptitude à une réplication la plus fidèle qui permet la reproduction cellulaire. La création d'une sexualité permet plus tardivement de différencier un sexe femelle et un sexe mâle.

La permanence de ces données numériques depuis la création des premières cellules démontre la perfection du schéma directeur initial de la Vie qu'il est difficile d'attribuer au hasard.

Depuis son origine, la Vie, qui est tributaire d'une production d'énergie permanente, n'a utilisé pour produire cette énergie qu'une unique molécule, la molécule de glucose et pour transmettre cette énergie à l'intérieur de la cellule une molécule unique, la molécule d'ATP. Toute cellule vivante a pour carburant essentiel, la molécule de glucose. Les organismes autotrophes (règnes bactérien et végétal) ont la capacité de synthétiser le glucose à partir du dioxyde de carbone CO_2 comme source de carbone alors que les organismes hétérotrophes (règne animal) doivent l'importer.

Pendant plus de 2,5 milliards d'années le glucose a été la seule molécule productrice d'énergie cellulaire. Il y a un peu plus d'un milliard d'années, les acides gras ont complété la production d'énergie cellulaire. Ce nouveau carburant est probablement en relation directe avec l'apparition du règne animal. En effet si les végétaux sont des organismes vivants sédentaires autotrophes capables de synthétiser le glucose alors que les animaux, organismes vivants hétérotrophes, en sont incapables ; ils sont donc dans l'obligation de se déplacer à la recherche de végétaux (herbivores) ou animaux (carnivores) pour satisfaire leur besoin en glucose. Ces déplacements ont entraîné la formation d'organes locomoteurs (muscles squelettiques) nécessitant un surcroît d'énergie. Par le catabolisme la production d'ATP par molécule d'acide gras est 3 à 4 fois plus importante que la quantité d'ATP produite par molécule de glucose. On comprend dès lors que les plus gros consommateurs d'ATP sont les muscles, mais aussi le cerveau. Le cerveau ne produit l'ATP qu'à partir du glucose exclusivement.

Pour subvenir à leurs besoins, les végétaux comme les animaux ont acquis la capacité de stocker le glucose sous forme de polymères de glucose : amidon végétal et glycogène animal. Ces polymères sont hydrophiles et se lient à de nombreuses molécules d'eau, ce qui accroît leur volume ; leur stockage reste donc limité pour éviter une hypertrophie des organes qui assurent leur stockage (foie et muscles chez les animaux). Les acides gras sont des molécules hydrophobes sans eau liée ; cette propriété permet un plus grand stockage dans les adipocytes, leurs cellules principales de stockage. Le principal inconvénient de ce stockage lipidique tient au fait qu'il nécessite un délai important avant son utilisation au niveau musculaire ; il n'est donc utile qu'en cas d'efforts de longue durée et d'intensité moyenne. Un effort court et intense ne mobilise que le glucose et le glycogène déjà présent dans les muscles pour la production d'ATP indispensable à la contraction musculaire. Un organisme sédentaire ne devrait se satisfaire que d'une ration lipidique minimale pour éviter son accumulation dans les adipocytes et devrait aussi limiter sa ration glucidique, car l'excès de glucides est converti en lipides. Ne dit-on pas d'un animal qui ne pratique que peu de mouvements qu'il est végétatif, car comme le végétal il ne produit d'énergie qu'à partir du glucose.

En définitive les molécules de glucose et d'ATP sont intimement liées. Dans le règne végétal l'énergie de l'ATP provient du rayonnement solaire dans le domaine du visible par la photosynthèse et cet ATP permet la synthèse du glucose. Dans le règne animal c'est le glucose d'origine végétale qui fournit l'énergie emmagasinée dans l'ATP. C'est donc notre soleil qui est le fournisseur d'énergie de la Vie depuis l'apparition de la photosynthèse. Aux origines de la vie il est probable que la production d'ATP ait été indépendante de la photosynthèse dans l'Océan primitif, car l'astre solaire n'était pas aussi rayonnant et le volcanisme était si intense que l'effet de serre produit limitait encore davantage son rayonnement.

Quelle que soit son origine, chimiosynthétique ou photosynthétique, l'énergie vitale provient toujours du seul atome d'hydrogène. En effet glucose et encore plus acides gras sont des molécules riches en atomes d'hydrogène, générateurs de la production d'ATP. De même que l'Univers a été créé à partir du seul atome d'hydrogène, la Vie ne tient que par ce même atome qui est l'atome principal présent au niveau de notre étoile, le Soleil.

Dans la dynamique de vie s'opposent des pulsions de vie et des pulsions de mort, la pulsion étant définie comme une force d'origine biologique.

Les premiers organismes unicellulaires procaryotes étaient et sont encore dans une dynamique de reproduction, laquelle impose une croissance cellulaire nécessitant un apport d'énergie permanent ; cette dynamique de nature biologique peut être qualifiée de pulsion de vie. Chez les procaryotes la pulsion de mort qui est définie comme une tendance amenant à la dissociation est combattue à plusieurs niveaux. En premier lieu au niveau de la membrane plasmique, siège de la respiration cellulaire qui convertit une énergie osmotique de protons H^+ en une énergie chimique d'ATP ; à cet effet la membrane plasmique est protégée par une paroi vis-à-vis d'agressions physiques et chimiques. A un second niveau qui est celui de l'information présente dans l'ADN de la cellule procaryote, cette dernière se protégera des agressions virales en synthétisant des enzymes de restriction exprimées à partir de gènes présents dans son ADN ; par l'intermédiaire de ces enzymes la cellule procaryote dégrade spécifiquement le génome des virus pour protéger le sien. Les procaryotes sont donc dans une pulsion de vie, ce qui peut expliquer leur taux de multiplication cellulaire bien supérieur à celui des organismes pluricellulaires eucaryotes.

Lorsque sont apparus les organismes pluricellulaires eucaryotes (végétaux et animaux) est intervenue la différenciation cellulaire qui produit plusieurs types cellulaires différents (200 chez l'Homme) à partir d'une unique cellule initiale, l'ovocyte. Du fait de cette différenciation, les taux de reproduction des différents types cellulaires sont différents, certains types ayant un taux de reproduction continu (intestin, sang), d'autres ayant un arrêt total de la reproduction (muscles, cœur, nerfs). La pulsion de vie est cependant présente dans toutes les cellules tant que des événements affectant le plus souvent l'ADN ne viennent pas perturber l'homéostasie cellulaire. Parmi ces événements, considérés comme des stress, figurent l'exposition à des radiations ultraviolettes ou radioactives ou la production de molécules oxydantes d'origine interne (suralimentation) ou externe (pollution).

La vie d'une cellule eucaryote dépend d'un cycle séparant 2 divisions cellulaires successives. La première partie de ce cycle est l'étape de croissance de la cellule ; elle précède l'étape de réplication de l'ADN qui précède elle-même la division de la cellule par mitose. Ce cycle est sous la dépendance d'une régulation qui fait intervenir des gènes favorisant la croissance cellulaire (oncogènes) et des gènes inhibant cette croissance (gènes suppresseurs de tumeur). Si l'expression des oncogènes n'est plus limitée par l'expression des gènes suppresseurs de tumeur dans un type cellulaire donné, la croissance cellulaire peut atteindre des taux de multiplication équivalents à ceux des cellules procaryotes et apparaissent ainsi des tumeurs. Cette pulsion de vie exacerbée doit être contrecarrée par une pulsion de mort au risque d'aboutir à la mort de l'organisme entier.

Deux types de mécanismes cellulaires peuvent intervenir pour s'opposer à cette pulsion de vie. Le type le plus radical est la mort cellulaire programmée. La plus fréquente est l'apoptose qui permet la mort de plusieurs milliers de cellules par jour. L'apoptose bloque la synthèse d'ATP dans la cellule tumorale en voie de multiplication, ce qui arrête le métabolisme. Elle scinde également l'ADN de cette cellule en petits fragments pour empêcher l'expression de tous les gènes. Seule la membrane ne rompt pas, mais perd sa tonicité ; la cellule se rétrécit (ptosis, mot grec signifiant chute). La cellule est reconnue morte au niveau de sa membrane par des cellules sanguines, les macrophages, qui la phagocyte et la digère. L'absence de rupture de la membrane empêche le contenu de la cellule morte de se répandre dans le flux sanguin, évitant l'intervention des cellules immunitaires (immunité innée) productrices de cytokines pro-inflammatoires. L'apoptose est souvent qualifiée de mort programmée silencieuse. De nouveaux mécanismes de mort cellulaire programmée ont été découverts ; ils sont plus spécifiques de certaines cellules. Parmi ces types de mort programmée on peut citer la nécroptose qui intervient en particulier lorsque s'accumulent dans la cellule des molécules oxydantes portant des électrons libres ; ces électrons peuvent se fixer sur l'ADN et les protéines en les inactivant. La pyroptose intervient principalement au niveau de cellules immunitaires infectées par des pathogènes (bactéries, virus) ; ces cellules se défendent par l'intermédiaire de cytokines pro-inflammatoires présentes au sein d'une structure appelée inflammasome ; ce fut particulièrement le cas dans l'infection par le covid 19. Ces types de mort cellulaire, contrairement à l'apoptose, aboutissent à une rupture de la membrane cellulaire, appelée nécrose, déversant le contenu cellulaire dans le flux sanguin entraînant une importante inflammation. Si cette inflammation s'ajoute à une inflammation endogène liée à l'âge ou à une pathologie chronique, la pulsion de mort n'en est que plus accrue. L'inflammation est en grande partie due à la libération dans le sang des acides nucléiques (ADN en particulier) et de l'ATP qui sont des molécules synthétisées par les cellules et qui ne sont jamais présentes dans le milieu extracellulaire sauf en cas de nécrose. ADN et ATP, qui sont des molécules apparentées, peuvent participer selon leur localisation à la pulsion de vie et à la pulsion de mort.

Le second mécanisme s'opposant à la pulsion de vie est la sénescence cellulaire. Elle intervient lorsque l'apoptose est inhibée. La seule solution reste alors l'inhibition du cycle cellulaire en activant les gènes suppresseurs de tumeur pour bloquer totalement la multiplication de la cellule ; ainsi la production d'ATP se poursuit normalement, l'ADN n'est pas modifié et l'expression des gènes se poursuit, enfin la membrane n'est pas impactée. Il s'agit donc d'un mécanisme de survie de la cellule. La sénescence cellulaire ne fait que différer l'intervention de la pulsion de mort ; en réalité la cellule sénescente synthétise des protéines pro-inflammatoires qui seront à l'origine de maladies dégénératives. Dans certains cas, des tumeurs, rendues bénignes par l'intervention de la sénescence, pourront devenir malignes par activation d'oncogènes. La sénescence est souvent comparée au Dieu romain Janus, divinité aux 2 visages opposés.

L'apoptose est une mort cellulaire qui préserve la vie de l'organisme, alors que la sénescence est une survie qui entraîne la mort de ce même organisme. A une plus grande échelle la mort cellulaire intervient pour préserver la vie de l'organisme dans les organismes pluricellulaires. Il en est ainsi de la peau qui enveloppe l'animal ou de l'écorce des végétaux. Chez l'Homme la couche cornée, la plus externe de l'épiderme, est constituée d'une vingtaine de couches de cellules mortes. Ces cellules ont perdu leur ADN au cours de leur différenciation à partir de cellules souches. Elles migrent vers la périphérie de l'épiderme et ne sont plus alimentées en glucose par le flux sanguin, inhibant ainsi la production d'ATP. Dans ce cas ces cellules mortes, contrairement à la nécrose ne peuvent être atteintes par les cellules immunitaires en l'absence de circulation sanguine évitant un processus inflammatoire. Leur élimination se réalise par desquamation. Ainsi l'enveloppe externe des organismes pluricellulaires a un rôle équivalent à la paroi des organismes unicellulaires qui n'est pas constituée de cellules mais de polymères associant peptides et glucides (peptidoglycanes). Cette couche de cellules mortes nous protège de diverses agressions notamment bactériennes et virales et joue pleinement son rôle dans la pulsion de vie. Enfin il existe un autre mécanisme de résistance de la pulsion de vie pouvant se terminer en pulsion de mort, l'autophagie. Lorsqu'une cellule est stressée par manque de biomolécules pour alimenter son métabolisme, elle aura recours au recyclage de métabolites intracellulaires devenus inactifs en les dégradant pour synthétiser de nouvelles molécules actives. Lorsque ce recyclage devient insuffisant, la cellule programme sa mort en digérant son contenu intracellulaire par l'intermédiaire des lysosomes, organites internes de la cellule, spécialisés dans la dégradation des molécules usagées. Il y a formation d'autophagolysosomes qui digèrent véritablement la cellule. Cette mort, appelée macro-autophagie, s'apparente à un suicide cellulaire.

Plus généralement à l'échelle de la planète la pulsion de vie a toujours été supérieure à la pulsion de mort, car chaque extinction de masse a abouti très rapidement à l'apparition d'une profusion de nouvelles espèces vivantes à partir des espèces encore présentes.

L'universalité de la production d'énergie cellulaire par catabolisme du glucose est une constante qui depuis l'origine de la Vie n'a jamais été remise en question en dépit de la présence naturelle d'autres structures semblables au glucose (isomères). Une autre constante concerne le langage moléculaire par lequel s'exprime toute l'activité cellulaire. Le support moléculaire de ce langage est un polymère de nucléotides, l'ADN qui cumule une majorité de superlatifs. C'est à la fois le biopolymère de la plus grande taille dans une cellule vivante et la seule molécule biologique fossile qui laisse une trace de l'organisme dont elle provient. C'est non seulement la molécule qui donne la vie, mais aussi celle qui demeure après la mort. La seule analyse structurale d'un ADN fossile permet de connaître les principaux caractères de l'organisme mort il y a des milliers d'années et même de connaître les causes de la mort dans le cas de certaines mutations. L'ADN est notre part d'immortalité. S'il était de nouveau présent intact dans une cellule, les caractères spécifiques de l'espèce vivante réapparaîtraient à l'exception probable des caractères liés à la personnalité très dépendants de l'environnement, lequel intervient sur l'expression des gènes de l'ADN.

Le langage inscrit dans l'ADN est universel ; il n'est composé que de 4 molécules comme autant de lettres d'un alphabet ; ces 4 lettres s'enchaînent en séquences continues, les gènes. En fonction de l'ordre de succession de ces 4 lettres, on obtient une multitude de séquences différentes les unes des autres. Le plus surprenant c'est que 2 espèces vivantes très différentes peuvent posséder près de 99% d'homologies de séquences d'ADN. Cette simple constatation signifie de prime abord que ce n'est pas à la structure de ce langage qu'appartient la différence, mais à son expression. L'expression de ce langage se réalise par l'intermédiaire d'un code génétique, lui-même universel, reliant les 4 nucléotides de l'ADN à 20 acides aminés qui sont les lettres d'autres polymères plus courts, les protéines. Ce sont ces protéines qui régissent toutes les fonctions cellulaires. Selon le niveau d'expression des gènes, 2 organismes d'une même espèce, possédant eux-mêmes les mêmes gènes, pourront être très différents. En réalité les différences les plus visibles sont la conséquence de l'expression différentielle de plusieurs gènes associés dans l'expression d'un caractère donné. La différence entre des organismes vivants tient donc davantage à l'expression d'un langage qu'au langage en soi, ce qui est évident pour le langage que partage les humains. L'analogie entre le langage humain et le langage moléculaire est telle qu'en biologie moléculaire les termes employés ont des similitudes avec le langage humain. Ainsi dans le cas accidentel de la substitution d'un acide aminé par un autre acide aminé dans une protéine (mutation par modification d'un codon de l'ADN), la mutation est dite mutation faux sens ; elle peut être silencieuse ou modifier la fonction de la protéine. Si la substitution aboutit au changement d'un codon correspondant à un acide aminé par un des 3 codons ne correspondant à aucun acide aminé (codon stop dit de ponctuation), il s'agit d'une mutation non-sens dont la conséquence est l'expression d'une protéine tronquée qui a perdu sa fonction.

ANNEXE

I-LES BASES DE LA CHIMIE

La chimie est une science qui s'intéresse aux atomes, particules élémentaires, dont les associations forment des molécules. Molécules et atomes contractent des liaisons chimiques ; ces liaisons chimiques peuvent aussi se dissocier. Association et dissociation de molécules sont réalisées par des réactions chimiques impliquant généralement les électrons des atomes. Ces réactions chimiques doivent être accélérées par des atomes ou molécules qu'on nomme catalyseurs. Les molécules sont classées en 2 catégories : les molécules inorganiques présentes aussi bien dans la lithosphère que l'atmosphère et les molécules organiques, molécules riches en atomes de carbone. Parmi les molécules organiques on distingue les biomolécules présentes exclusivement dans les cellules vivantes, lesquelles possèdent des spécificités.

A - ATOMES ET MOLECULES

La chimie qu'elle soit inorganique, organique ou biologique a donc pour structure de base l'atome. Dans sa définition la plus simple, qui est suffisante pour la compréhension des mécanismes réactionnels entre molécules, l'atome est composé d'un noyau de charge positive et d'électrons de charge négative gravitant autour du noyau. Un atome est électro-neutre, car le nombre de charges positives du noyau est égal au nombre d'électrons de charge négative. Le plus petit des atomes est l'atome d'hydrogène qui possède un seul électron. L'atome d'hydrogène peut être considéré comme l'atome fondateur de la chimie, puisqu'il était le seul présent à l'origine de l'Univers ; il a été à l'origine du Big Bang, ce qui en dit beaucoup sur l'énergie de l'atome d'hydrogène. Le soleil n'est constitué que d'atomes d'hydrogène et d'hélium ; c'est de la fission de ces atomes d'hydrogène que proviennent son énergie et son rayonnement. A partir de cet atome originel, l'Univers s'est enrichi de plus d'une centaine d'atomes de taille croissante et de milliers de molécules, qui sont issues de liaisons entre atomes.

Une molécule résulte de l'association d'au moins deux atomes identiques ou différents. Les molécules résultent d'atomes mettant en commun un ou plusieurs électrons célibataires gravitant à leur périphérie. L'atome d'hydrogène H possède un électron ; pour se stabiliser cet électron doit s'associer à un électron célibataire d'un autre atome ; par exemple un autre atome d'hydrogène H pour former la molécule de dihydrogène H_2. L'atome d'oxygène O possède 2 électrons célibataires ; pour se stabiliser il doit s'associer à un autre atome possédant 2 électrons célibataires ; par exemple un autre atome d'oxygène O pour donner une molécule de dioxygène O_2. L'atome d'oxygène peut aussi se lier à 2 atomes possédant un électron célibataire ; par exemple 2 atomes d'hydrogène H pour donner une molécule d'eau H_2O. L'atome d'azote N possède 3 électrons célibataires ; il peut se lier à 3 atomes d'hydrogène H pour donner la molécule d'ammoniac NH_3. Enfin l'atome de carbone C possède 4 électrons célibataires ; il peut se lier à 4 atomes d'hydrogène H pour donner une molécule de méthane CH_4 ou à 2 atomes d'oxygène O pour donner une molécule de dioxyde de carbone CO_2.

Lorsque 2 atomes mettent en commun un doublet d'électrons, la liaison chimique est dite covalente. Lorsque le doublet d'électrons partagé est également réparti entre les 2 atomes participant à la liaison, la liaison covalente est dite apolaire ; dans le cas où le doublet est inégalement réparti, car un des atomes attire plus les électrons vers lui, la liaison covalente est polaire, car la molécule possède une partie plus électronégative. L'eau est une molécule polaire, alors que le dioxyde de carbone CO_2 est une molécule apolaire de même que le dihydrogène H_2.

Lorsqu'un des 2 atomes impliqués dans la liaison a une forte attractivité pour les électrons mis en commun, l'électronégativité d'un des 2 atomes devient plus importante que dans une liaison covalente polaire, la liaison devient électrovalente. Du fait de la plus forte attractivité d'un atome pour les électrons, un des atomes porte une charge négative, alors que l'autre atome porte une charge positive. La liaison de ce type est appelée liaison ionique. Les 2 atomes deviennent des ions : anions pour les ions électronégatifs et cations pour les ions électropositifs. Lorsque cette molécule dissoute dans l'eau est placée dans un champ électrique, la molécule se dissocie en 2 ions, l'anion électronégatif se dirige vers l'électrode positive ou anode, alors que le cation électropositif se dirige vers l'électrode négative ou cathode. A titre d'exemple le chlorure de sodium NaCl solubilisé dans l'eau se dissocie sous l'effet d'un champ électrique en cations sodium Na^+ qui se dirigent vers la cathode et en anions chlore Cl^- qui se dirigent vers l'anode. Liaison covalente et liaison ionique représentent les liaisons les plus fortes qui nécessitent donc de l'énergie pour les rompre.

Il existe un troisième type de liaison de plus faible énergie, la liaison intermoléculaire dite liaison de Van der Walls, qui n'implique pas un partage d'électrons comme les précédentes liaisons, mais des interactions électromagnétiques entre molécules ou au sein d'une même molécule comme c'est le cas entre acides aminés d'une protéine repliée. La plus connue de ces liaisons est la liaison hydrogène où un atome d'hydrogène à charge positive est attiré par un atome électronégatif.

B- LES REACTIONS CHIMIQUES

Une molécule, composée de plusieurs atomes d'hydrogène comme le dihydrogène H_2, l'ammoniac NH_3 ou l'hydrogène sulfuré H_2S est une molécule capable de donner les électrons de ces atomes d'hydrogène à d'autres atomes d'une autre molécule ; une telle molécule est dite nucléophile. La molécule qui accepte les électrons est dite électrophile ; c'est le cas de molécules ne contenant pas d'atomes d'hydrogène comme le monoxyde de carbone CO et le dioxyde de carbone CO_2. Lorsque des molécules électrophiles captent les électrons provenant d'atomes d'hydrogène, elles libèrent dans le milieu les protons H^+ de ces atomes d'hydrogène ; le potentiel hydrogène ou pH du milieu devient acide. La molécule nucléophile qui donne les électrons d'atomes d'hydrogène est une base. Les molécules nucléophiles et électrophiles citées ci-dessus étaient très abondantes à l'origine de la vie ; elles provenaient de l'atmosphère terrestre, mais étaient aussi abondantes dans l'océan primitif en raison d'une activité volcanique intense à la surface terrestre, mais aussi au niveau des sources hydrothermales. Il est donc logique de penser que ces molécules, toutes inorganiques, aient pu intervenir dans la synthèse de molécules organiques, le carbone et l'oxygène ayant été fournis par les molécules électrophiles comme le CO_2 alors que l'hydrogène, l'azote et le soufre provenaient des molécules nucléophiles citées plus haut. La libération d'un grand nombre de protons H^+ peut expliquer la forte acidité qui prévalait alors dans l'Océan primitif.

Une molécule contenant plusieurs atomes d'hydrogène est une molécule réduite, alors qu'une molécule comme le dioxygène O_2 ou le dioxyde de carbone CO_2 est une molécule oxydée. La réaction de réduction est donc une réaction chimique qui donne des atomes d'hydrogène à une molécule oxydée ; la réaction d'oxydation est une réaction chimique qui prélève des atomes d'hydrogène à une molécule réduite. Les réactions d'oxydo-réduction sont la base du métabolisme cellulaire. Chaque réaction d'oxydo-réduction qui fait intervenir une molécule oxydante et une molécule réduite possède un potentiel d'oxydo-réduction ou potentiel redox, exprimé en volts. Une molécule oxydante peut devenir une molécule réduite si elle réagit avec une molécule plus oxydante qu'elle. Les plus forts oxydants sont le dioxygène O_2 et le soufre S, alors que le plus fort réducteur est l'hydrogène H.

L'atome d'hydrogène à partir duquel s'est formé l'Univers est omniprésent dans la réaction chimique. Il est le déterminant du potentiel hydrogène (pH) et du potentiel redox des réactions chimiques.

Les molécules organiques sont constituées d'une succession de chaînons carbonés liés entre eux par des liaisons covalentes apolaires. Parmi ces molécules certaines portent sur un ou plusieurs de leurs atomes de carbone un groupement fonctionnel qui constitue la partie de la molécule capable de se lier au groupement fonctionnel d'une autre molécule. Les biomolécules possèdent toutes un groupement fonctionnel. Les principaux groupements fonctionnels présents dans les biomolécules sont la fonction alcool -OH, la fonction thiol -SH et la fonction amine $-NH_2$, toutes nucléophiles ainsi que la fonction acide -COOH, électrophile. Les biomolécules porteuses sur la même molécule d'une fonction amine $-NH_2$ (nucléophile) et d'une fonction acide -COOH (électrophile) comme les acides aminés sont des molécules dites amphotères.

Une biomolécule à fonction alcool -OH (nucléophile) peut se lier à la fonction acide -COOH (électrophile) d'une autre biomolécule pour donner une liaison ester. De même une biomolécule à fonction thiol -SH (nucléophile) peut se lier à la fonction acide -COOH d'une autre biomolécule (électrophile) pour donner une liaison thiol-ester. Une biomolécule à fonction amine $-NH_2$ (nucléophile) peut se lier à la fonction acide $-COOH$ (électrophile) d'une autre biomolécule pour donner une liaison amide. Les liaisons ester, thiol-ester et amide sont les plus fréquentes entre biomolécules.

C- LA CATALYSE DES REACTIONS CHIMIQUES

Une réaction chimique ne peut se réaliser que si elle est thermodynamiquement possible. Cependant la majorité des réactions chimiques thermodynamiquement possibles se réalisent à des vitesses trop lentes. L'accélération de la vitesse de réaction se réalise par une « catalyse » qui fait intervenir un atome ou une molécule qui facilite la réaction en se liant temporairement aux molécules entrant en réaction et qui est appelé « catalyseur ». Ne dit-on pas d'une personne qui facilite un dialogue ou une action qu'elle agit comme catalyseur ?

Les réactions chimiques qui se produisent dans une cellule peuvent aboutir à la formation de liaisons chimiques ou à leur suppression. Ces réactions chimiques sont catalysées par des catalyseurs biologiques de nature protéique : les enzymes. Ainsi la formation d'une liaison covalente carbone-carbone et carbone-azote fait intervenir une ligase ; dans le cas d'une suppression d'une liaison covalente, ce sera une lyase. Dans le cas où les liaisons concernent des groupements fonctionnels, les hydrolases interviendront pour briser les liaisons ioniques : estérases pour les liaisons esters ou peptidases pour les liaisons amides entre acides aminés (liaisons peptidiques). Les transférases assurent le transfert d'un groupement fonctionnel d'une molécule donneuse à une molécule réceptrice ; le cas le plus fréquent concerne les phosphotransférases qui transfèrent un groupement phosphate de l'ATP vers une molécule dans le but de lui fournir une énergie de liaison indispensable à sa liaison chimique ultérieure avec une autre molécule. Un des cas les plus répandus concerne les oxydoréductases impliquées dans les réactions d'oxydo-réduction ; elles catalysent pour les oxydases l'extraction d'électrons et de protons d'une molécule réduite qui devient oxydée (cas d'une oxydation) ou pour les réductases une fourniture d'électrons et de protons à une molécule oxydée qui devient réduite (cas d'une réduction). Une dernière catégorie d'enzymes catalyse un changement de structure à l'intérieur d'une molécule sans perte ou gain d'atomes ; ce changement de structure correspond à une isomérisation et les enzymes sont des isomérases.

II-LES MECANISMES BIOLOGIQUES

A – LA PHOTOSYNTHESE

La photosynthèse est une source énergétique d'extraction des électrons, les photons émis par la lumière dans le domaine du visible. La source d'atomes d'hydrogène n'est pas le glucose, mais une molécule abondante dans le milieu marin aux origines de la vie, en raison de l'activité volcanique, l'hydrogène sulfuré H_2S. Cette voie d'oxydation de H_2S a été appelée photosynthèse anoxygénique. Les électrons et protons prélevés aux molécules de H_2S sont transférés à une chaîne de transfert des électrons ; les électrons sont captés par un accepteur d'électrons, la molécule de Nicotinamide Adénine Dinucléotide Phosphate ou NADP convertie en $NADPH_2$; l'avantage de cette molécule est de fournir un pouvoir réducteur à la cellule pour l'anabolisme *.

* Le NAD est un accepteur d'électrons dans les voies cataboliques productrices d'ATP. Le NADP est un accepteur d'électrons destiné à fournir des électrons aux voies anaboliques.

D'autre part l'énergie des électrons prélevés aux molécules de H_2S permet la sortie des protons de la cellule, protons qui reviendront dans la cellule par l'intermédiaire de l'ATP synthase qui convertit l'ADP en ATP (voir production d'énergie cellulaire). Dans un deuxième temps, en présence de CO_2 comme source de carbone, la synthèse de carbohydrates (glucose et acides gras) sera facilitée par l'ATP et le $NADPH_2$ obtenus par la photosynthèse.

Cette photosynthèse a été appelée photosynthèse à H_2S, car elle libère dans le milieu cellulaire des atomes de soufre.

Plus tard est apparue une autre photosynthèse par l'intermédiaire de cyanobactéries qui ont oxydé l'eau H_2O et non plus l'hydrogène sulfuré H_2S pour un résultat identique avec libération d'oxygène moléculaire O_2 et non plus de soufre S. Cette photosynthèse a été nommée photosynthèse oxygénique. Cette production d'oxygène a été neutralisée pendant plusieurs millions d'années par la liaison d'O_2 avec des sels de fer abondants dans le milieu marin du fait du volcanisme. Puis l'O_2, molécule toxique pour les cyanobactéries qui ont su s'en préserver, a été la cause de la plus grande extinction des organismes procaryotes. Ce fut ce qu'on appelle aujourd'hui la Grande Oxydation. Cependant l'oxygène n'a pas eu que des effets toxiques, puisque sa sortie du milieu marin pour se localiser dans l'atmosphère terrestre a permis la création d'une couche d'ozone O_3 en altitude, servant à bloquer les radiations qui rendaient les surfaces émergées de la Terre inhospitalières en raison de leurs effets mutationnels sur l'ADN.

L'autre effet de l'oxygène concerne son effet bénéfique sur la production d'énergie chimique. En effet la production d'oxygène moléculaire par la photosynthèse oxygénique a permis une oxydation totale du glucose par oxydation du pyruvate en acétate (CH_3-COOH), puis l'oxydation totale de l'acétate en dioxyde de carbone CO_2 et eau H_2O par l'intermédiaire d'un cycle appelé cycle des acides carboxyliques découvert par Hans Krebs, prix Nobel.

Les acides gras se sont alors ajoutés au glucose comme molécules énergétiques. Ces acides gras sont oxydés, dans un premier temps, en molécules d'acétate par une voie catabolique appelée béta-oxydation avant de subir une oxydation totale en CO_2 et H_2O par le cycle de Krebs **(Figure 2)**. Les acides gras ne peuvent être oxydés qu'en présence d'oxygène moléculaire et ne pouvaient donc pas servir de molécules énergétiques avant que l'oxygène ne soit à l'état libre. Ainsi le cycle de Krebs représente le tronc commun terminal d'oxydation du glucose et des acides gras. L'oxydation totale du glucose et des acides gras en aérobiose, c'est-à-dire en présence d'oxygène moléculaire O_2, a été appelé processus de respiration à l'oxygène.

Les acides aminés peuvent aussi contribuer à une production d'énergie après avoir perdu leur groupement aminé, mais cette contribution se fait au détriment de leur participation à la synthèse des protéines, ce qui est préjudiciable pour l'organisme vivant.

Le glucose comme les acides gras qui sont les principales biomolécules énergétiques des cellules vivantes sont des carbohydrates qui ne contiennent que 3 atomes différents dont l'un d'entre eux, l'atome d'hydrogène, est plus fortement représenté que les autres dans ces carbohydrates. Les molécules de ce type sont dites réduites. Elles vont libérer la grande majorité de leurs atomes d'hydrogène au cours de leur oxydation. Le capital énergétique de ces 2 types de biomolécules est donc lié à la quantité d'atomes d'hydrogène qu'elles contiennent. C'est ainsi que l'oxydation totale des acides gras en CO_2 et H_2O par le processus de respiration produit une quantité 3 à 4 fois plus grande d'énergie que l'oxydation totale du glucose par ce même processus. L'oxygène O_2 a donc été une molécule majeure dans la croissance des espèces et plus particulièrement animales du fait de leur mobilité.

B – LA PRODUCTION D'ENERGIE CELLULAIRE

Le mécanisme de production d'une énergie chimique à partir d'une énergie électronique peut se résumer comme suit, en prenant pour exemple la bactérie où le mécanisme se déroule au niveau de la membrane plasmique.

L'énergie des électrons prélevés aux atomes d'hydrogène au sein de la cellule permet aux protons H^+ libérés de ces atomes d'hydrogène de traverser la membrane, par l'intermédiaire de protéines membranaires, pour s'accumuler du côté extracellulaire. Ce transfert nécessite l'énergie des électrons, car la concentration des protons est déjà supérieure dans le milieu extracellulaire à celle du milieu intracellulaire, donc le sens normal de traversée des protons par osmose devrait être du milieu extracellulaire vers le milieu intracellulaire. Les protons sortent donc de la cellule contre leur gradient de concentration, ce qui nécessite l'intervention de l'énergie libérée par les électrons.

Le déséquilibre important de concentration de protons qui en résulte va entraîner un transfert des protons du milieu extracellulaire vers le milieu intracellulaire, donc dans le sens de leur gradient de concentration, ce qui ne nécessite pas d'énergie. Ce transfert ne se fera plus par les mêmes protéines de transport membranaires que précédemment, mais par un gros complexe de protéines appelé ATP synthase, composé de 2 parties : un rotor et un stator. Le rotor est un canal protéique qui est actionné par le saut de protons à l'intérieur du canal, ce qui entraîne une rotation d'une protéine axiale liée au rotor. Cette protéine axiale est elle-même liée à un stator constitué de 3 unités protéiques identiques. La rotation du rotor déplace successivement les 3 unités si bien que dans l'état A, une des sous unités se lie à une molécule d'ADP et à une molécule de phosphate inorganique Pi, puis après rotation dans un état B, l'ADP se lie à Pi pour donner une molécule d'ATP et enfin après une seconde rotation dans un état C, la molécule d'ATP est libérée dans le cytoplasme de la cellule. Le site est alors vide et on revient à l'état A pour cette unité pour lier de nouveau une molécule d'ADP et ainsi de suite. Ainsi l'état A est l'étape de liaison des molécules d'ADP et Pi à une unité protéique, l'état B l'étape de formation de la molécule d'ATP au sein de la même unité et l'état C l'étape d'éjection de cette molécule d'ATP de cette même unité. Chacune des 3 unités, qui sont de composition protéique strictement identique, suivent le même cycle de rotation les unes à la suite des autres. Les 3 états différents d'une même unité s'expliquent par le fait que le passage d'un état à un autre entraîne un changement de conformation de l'unité protéique qui modifie son type d'action.

En résumé le processus de sortie et d'entrée des protons est régi par le mécanisme d'osmose, lequel est à l'origine de la réalisation d'une liaison chimique phosphate riche en énergie. C'est donc un processus chimio-osmotique tel que l'a défini, il y a plus de 60 ans, le prix Nobel Peter Mitchell.

C – LE MECANISME DE LA TRADUCTION

Le mécanisme de traduction implique que les mots du langage ARN au nombre de 4 (les 4 ribonucléotides) aient leurs équivalents dans le langage des protéines composé de 20 acides aminés. Or la difficulté tient au fait qu'il n'y a pas d'équivalence directe en raison des nombres respectifs des mots des 2 langages. Cette différence numérique implique qu'il doit y avoir une combinaison de 2 nucléotides au minimum comme équivalent de chacun des 20 acides aminés. Dans ce cas les différentes combinaisons de 2 nucléotides à partir de 4 nucléotides différents ne fournissent que 16 combinaisons possibles (4^2). Avec une combinaison de 3 nucléotides successifs comme équivalent de chaque acide aminé, le nombre de combinaisons atteint un nombre très nettement supérieur de 64 combinaisons (4^3). L'expérimentation a démontré que chaque acide aminé a effectivement pour équivalent un trinucléotide qu'on a appelé codon ; l'ensemble des codons constitue le code génétique. En réalité la majorité des acides aminés, à quelques exceptions, ont comme équivalents 2 à 4 codons différents. En général lorsqu'un acide aminé possède plusieurs codons différents, ces codons ont en commun les 2 premiers nucléotides du codon ; le 3ème nucléotide de ces codons est variable, ce qui, pour l'information, est un moyen d'éviter un changement d'acide aminé dans la protéine, si le 3ème nucléotide du codon est modifié. Cette flexibilité du 3ème nucléotide évite ainsi les effets d'un certain nombre de mutations intervenant sur l'ADN.

A chaque codon correspond donc un acide aminé spécifique. La traduction entre 2 langages fait intervenir un intermédiaire qui assure le transfert de l'information contenue dans un langage vers un autre langage. C'est le cas du dictionnaire dans le langage des mots. La traduction des codons d'un ARN messager en acides aminés fait intervenir des molécules capables de transférer l'information d'un codon vers un acide aminé qui lui est spécifique. Ces molécules sont des ARN de petite taille de composition variable en nucléotides, mais de structure identique (structure en L), seules leurs extrémités sont identiques ; ils sont appelés ARN de transfert. Leur caractéristique principale est de posséder pour chacun d'entre eux un trinucléotide complémentaire de chaque codon et qu'on appelle anticodon. La liaison codon de l'ARN messager – anticodon de l'ARN de transfert est une liaison de faible énergie suffisante pour réaliser l'association.

Dans les faits sont présentes dans chaque cellule 20 enzymes structuralement différentes, les aminoacyl-ARNt-synthétases, soit le même nombre que le nombre d'acides aminés. Ces enzymes assurent la même fonction, chacune d'entre elles étant responsable de la sélection du bon acide aminé à associer à son ARN de transfert. De plus pour certaines qui ont un choix à réaliser entre 2 acides aminés de structure proche, elles ont une capacité de correction. En raison de leur rôle discriminant dans le choix de l'acide aminé à lier à l'ARN de transfert qui lui correspond, on attribue aux aminoacyl-ARNt-synthétases le rôle de second code génétique. Pour ajouter à la difficulté ce sont des enzymes qui assurent non pas une seule liaison, mais 2 liaisons, la première concerne la liaison entre l'ATP et l'acide aminé et la seconde la liaison entre l'acide aminé et son ARN de transfert spécifique. C'est la seule enzyme de la cellule réalisant une telle prouesse. Dans ce genre de mécanisme il serait surprenant de faire intervenir le hasard comme explication à sa conception. Il serait tout aussi surprenant que des protéines de ce type aient pu être synthétisées dans la soupe primitive, d'autant qu'il est improbable que l'ATP ait été présent dans cette soupe. Ces enzymes, constituant un code aussi important que le code génétique présent dans l'ADN et aussi dans l'ARN (virus à ARN), sont considérées comme les protéines les plus ancestrales apparues très tôt dans la genèse des cellules.

Afin de faciliter la lecture des codons successifs d'un ARN messager par les ARN de transfert chargés de leur acide aminé spécifique, une structure moléculaire de grande taille composée d'ARN ribosomiques et de protéines assure l'association de l'ARN messager aux ARN de transfert chargés de leur acide aminé spécifique. Cette grosse structure est appelée ribosome. Dans ce ribosome c'est le plus grand des ARN ribosomiques qui va transférer chaque acide aminé de chacun des ARN de transfert pour les lier entre eux par des liaisons peptidiques et former la protéine. Cet ARN ribosomique assure donc un rôle de catalyseur non protéique qu'on appelle ribozyme.

Le schéma simplifié du mécanisme de traduction est représenté **Figure 6.**

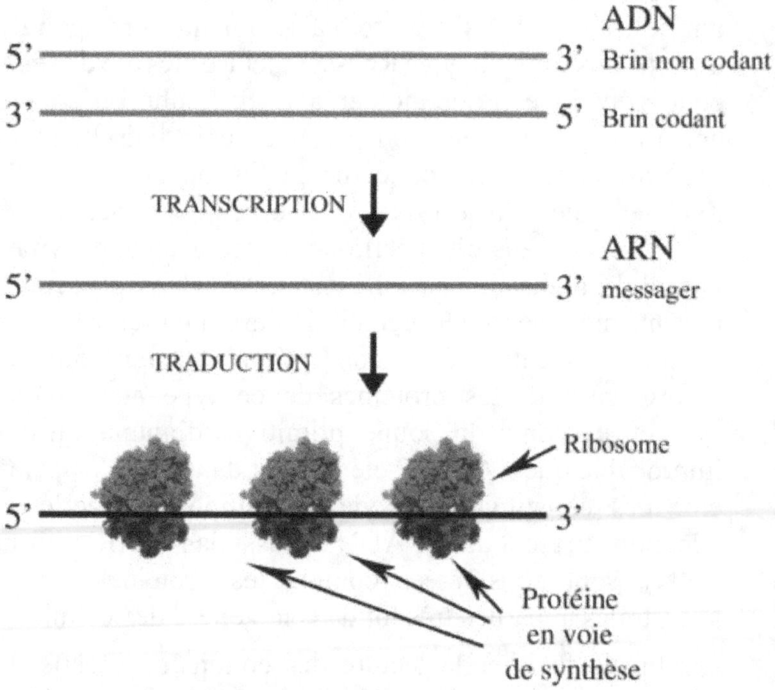

FIGURE 6 - LA SYNTHÈSE DES PROTÉINES

TABLE DES MATIERES

Structures éditoriales du groupe L'Harmattan

L'Harmattan Italie
Via degli Artisti, 15
10124 Torino
harmattan.italia@gmail.com

L'Harmattan Hongrie
Kossuth l. u. 14-16.
1053 Budapest
harmattan@harmattan.hu

L'Harmattan Sénégal
10 VDN en face Mermoz
BP 45034 Dakar-Fann
senharmattan@gmail.com

L'Harmattan Cameroun
TSINGA/FECAFOOT
BP 11486 Yaoundé
inkoukam@gmail.com

L'Harmattan Burkina Faso
Achille Somé – tengnule@hotmail.fr

L'Harmattan Guinée
Almamya, rue KA 028 OKB Agency
BP 3470 Conakry
harmattanguinee@yahoo.fr

L'Harmattan RDC
185, avenue Nyangwe
Commune de Lingwala – Kinshasa
matangilamusadila@yahoo.fr

L'Harmattan Congo
219, avenue Nelson Mandela
BP 2874 Brazzaville
harmattan.congo@yahoo.fr

L'Harmattan Mali
ACI 2000 - Immeuble Mgr Jean Marie Cisse
Bureau 10
BP 145 Bamako-Mali
mali@harmattan.fr

L'Harmattan Togo
Djidjole – Lomé
Maison Amela
face EPP BATOME
ddamela@aol.com

L'Harmattan Côte d'Ivoire
Résidence Karl – Cité des Arts
Abidjan-Cocody
03 BP 1588 Abidjan
espace_harmattan.ci@hotmail.fr

Nos librairies en France

Librairie internationale
16, rue des Écoles
75005 Paris
librairie.internationale@harmattan.fr
01 40 46 79 11
www.librairieharmattan.com

Librairie des savoirs
21, rue des Écoles
75005 Paris
librairie.sh@harmattan.fr
01 46 34 13 71
www.librairieharmattansh.com

Librairie Le Lucernaire
53, rue Notre-Dame-des-Champs
75006 Paris
librairie@lucernaire.fr
01 42 22 67 13

www.ingramcontent.com/pod-product-compliance
Lightning Source LLC
LaVergne TN
LVHW051356061026
849535LV00009B/3220